Pohlmann/Kayser · **Klausur- und Abiturtraining Mathematik 2**

Dietrich Pohlmann (Hrsg.)

Klausur- und Abiturtraining Mathematik 2

Grundkurse Analysis: Extremwertaufgaben

Von Hans-Jürgen Kayser

Aulis Verlag Deubner & Co KG

Autor:
StD Dr. Hans-Jürgen Kayser, Düsseldorf

CIP-Titelaufnahme der Deutschen Bibliothek

Klausur- und Abiturtraining Mathematik/Dietrich Pohlmann
(Hrsg.). – Köln: Aulis-Verl. Deubner.
NE: Pohlmann, Dietrich [Hrsg.]

2. Grundkurse Analysis: Extremwertaufgaben/von Hans-Jürgen
Kayser. – 1988
ISBN 3-7614-1207-X
NE: Kayser, Hans-Jürgen [Mitverf.]

Best.-Nr. 3008

Einbandgestaltung: Atelier Warminski, Büdingen
Druck und Bindung: Clausen & Bosse, Leck
ISBN 3-7614-1207-X

Inhalt

Vorwort

Im Bereich "Extremwertaufgaben, die mit Mitteln der Differentialrechnung zu lösen sind", gibt es eine Fülle von Beispielen. Wir haben uns bemüht, möglichst praxisnahe oder zumindest nicht zu praxisferne für Sie auszuwählen (auch ein Extremalproblem!?).

Ein Beispiel:

Der AULIS VERLAG möchte den Bestseller "Klausur und Abiturtraining Mathematik 2" (inzwischen bundesweit als KAT/MATH 2 bekannt!) in der zehnten Auflage auf entsprechend hochwertigem Papier drucken. Man hat festgelegt, daß das Gedruckte auf jeder Seite eine Fläche von 192 cm^2 einnehmen soll. Die seitlichen Ränder sollen jeweils 1,5 cm, der obere und untere Rand jeweils 2 cm betragen. Bestimmen Sie das Format des Buches, das den geringsten Papierverbrauch garantiert. (Das eingesparte Geld soll dem Autor des Buches als Prämie zufließen! Wenn das kein anwendungsbezogenes Extremalproblem ist!!).

Die ausführliche Lösung dieser Aufgabe finden Sie im Abschnitt II.4.

In der Abiturklausur und in der Klausur in 13.2 treten Extremwertaufgaben meist als Teilaufgaben von thematisch zusammenhängenden Analysisaufgaben auf. Ein typisches Beispiel:

Von allen (zur y-Achse symmetrischen) gleichschenkligen Dreiecken, deren Spitze im Nullpunkt liegt und deren Basis durch den (zur y-Achse symmetrischen) Graphen von f begrenzt wird, ist das mit dem größten Flächenmaß zu bestimmen.

Die Funktion f (z.B. mit $f(x) = 1/(1 + x^2)$) ist dabei in einer vorausgehenden Teilaufgabe untersucht worden.

(Die Lösung dieser Aufgabe finden Sie im Anhang 1 unter Abschnitt IV.6)

Sie sehen, daß wir uns auch hier gründlich mit derartigen

innermathematischen Problemen befassen müssen.

Aber zum Einstieg wollen wir eine solche Aufgabe nun auch nicht gerade wählen. Bis zum Abitur hat's ja wohl noch ein wenig Zeit?! Oder sollten Sie etwa schon in den nächsten Tagen soweit sein?! Dann empfehlen wir Ihnen, sich sofort den Abschnitt IV vorzunehmen und sich dann möglichst schnell bis Abschnitt VII durchzuarbeiten. Hier finden Sie sechs vollständige Abituraufgaben, in denen Extremwertprobleme auftreten.

Natürlich ist Ihnen klar: Wie eine Extremwertaufgabe auch "verpackt" sein mag, es läuft immer wieder auf "das Eine" hinaus, nämlich die Anwendung der Kenntnisse im Gebiet "Funktionsuntersuchung". Das Nötigste aus diesem Problemkreis finden Sie kurzgefaßt in Anhang 2 dieses Bandes zusammengestellt und erläutert. Sie können im Bedarfsfall also dort nachlesen. Sollten Sie aber in diesem Bereich ernste Probleme haben, möchten wir Ihnen ausdrücklich Band 1 unserer Reihe zum Selbststudium empfehlen.

Noch eins! "Einzigartige" Beispiele haben wir hier nicht berücksichtigt. Uns war wichtig, daß sich zu den hier behandelten Aufgaben verwandte (nahe und auch etwas entferntere) finden lassen, auf die Sie sich durch Bearbeiten unserer Beispiele vorbereiten können (modern formuliert: Wir bemühen uns um möglichst starke Transfereffekte). Je mehr Aufgaben-Familien Sie in diesem Buch studieren, umso größer ist die Wahrscheinlichkeit, daß Sie bei den Klausuren mit Extremwertaufgaben (in der Regel in 11.2, 13.2 und im Abitur) auf ein Mitglied einer Familie stoßen, deren Eigenheiten Sie recht gut kennen, sodaß Sie einer näheren Beschäftigung mit ihm gelassen entgegensehen können.

Die ausgewählten Beispiele haben wir in Gruppen eingeteilt. Sie werden erfahren (vielleicht wissen Sie's auch schon?), daß die eigentliche Schwierigkeit bei der Lösung der Extremalprobleme nicht in der Berechnung des Extremums liegt, sondern in der Ermittlung des Funktionsterms, der die zu optimierende (d.h. zu maximierende oder zu minimierende Größe) beschreibt. Bei den Beispielen der Gruppe I läßt sich diese Funktion relativ leicht aufstellen, bei den Gruppen II, III und IV ist es nicht mehr ganz so einfach, aber bei allen Beispielen der gleichen Gruppe geht's nach dem gleichen

Prinzip. Wenn Sie dieses Prinzip verstanden haben (und dafür wollen wir sorgen!), können Sie auch neue Aufgaben dieses Typs mit hoher Wahrscheinlichkeit selbständig lösen.

Weil Sie im Ernstfall den Aufgabentyp selbst herausfinden müssen, bringen wir Ihnen in Abschnitt V noch übungsbeispiele ohne Kennzeichnung des Typs. Die Lösungen zu diesen Aufgaben finden Sie im Anhang 1.

In Abschnitt VI geben wir Ihnen die Möglichkeit, Ihren Lernerfolg mutig bei einer schriftlichen übung und bei einer Klausur (für die Jahrgangstufe 11.2 gedacht) zu testen.

In Abschnitt VII schließlich stellen wir Ihnen sechs vollständige Abituraufgaben, in denen Extremalprobleme auftreten, vor, drei für die schriftliche und drei für die mündliche Prüfung.

In den Abschnitten I bis IV behandeln wir jeweils neun Beispiele. Die Lösung des ersten, vierten und siebenten führen wir mit allen Einzelheiten vollständig durch. Zu den anderen Aufgaben geben wir Ihnen zunächst allenfalls einige Lösungs-Hinweise. Sie können aber Ihre Lösung mit der unseren, die Sie auch im Anhang 1 finden, vergleichen. Die Dreier-Blöcke in den einzelnen Aufgabengruppen haben wir nach steigendem Schwierigkeitsgrad geordnet.

So, jetzt wissen Sie ungefähr, was Sie erwartet.
Und nun an die Arbeit!
Hoffentlich mit viel Erfolg!

PS: Die Warnung auf der nächsten Seite sollten Sie unbedingt beachten!

Nur für Lehrer und Schüler mit starken Nerven

Zusammenstellung aller auftretenden Funktionsterme

Abschnitt I

I.1 $V(x) = 4x^3 - 104x^2 + 640x$

I.2 $V(x) = (a - 2x)^2 \cdot x$

I.3 $G(x) = (6 - 0{,}5x) \cdot (10000 + 1000x)$

I.4 $K(x) = L \cdot (0{,}8 \cdot (a - x) + \sqrt{x^2 + b^2})$

Beispiel 1: Das lokale Minimum ist zugleich das absolute.
Beispiel 2: Das absolute Minimum wird am Rand des Definitionsintervalls angenommen.

I.5 $d(x) = \sin x - \cos x$

I.6 $A(x) = 2ax - 2x^2$

I.7 $V(\varphi) = (1/3) \cdot \pi \cdot s^3 \cdot \sin^2\varphi \cdot \cos\varphi$

I.8 $A(\varphi) = b^2 \cdot \sin\varphi \cdot \cos\varphi$

I.9 $A(\varphi) = b^2 \cdot \cos\varphi \cdot (1 + \sin\varphi)$

Abschnitt II

II.1 $A(x,y) = x \cdot y$ $\qquad 2 \cdot x + y = 20$

$a(x) = 20x - 2x^2$

II.2 $A(x,y) = x \cdot y$ $\qquad 2x + 2\pi(y/2) = 400$

$a(x) = (1/\pi) \cdot (400x - 2x^2)$

II.3 $D(x,y) = \sqrt{x^2 + y^2}$ $\qquad 2 \cdot (x + y) = 48$

$$d(x) = \sqrt{x^2 + (24 - x)^2}$$

II.4 $A(x,y) = (x + 3)\cdot(y + 4)$ $\qquad xy = 192$

$a(x) = 204 + 4x + 576/x$

II.5 $V(x,h) = x\cdot x\cdot h$ $\qquad 4x + 4x + 4h = 120$

$v(x) = 30x^2 - 2x^3$

II.6 $A(l,b,h) = 3\cdot l\cdot b + 5\cdot l\cdot h + 2\cdot b\cdot h$

$l = 5,\quad l\cdot b\cdot h = 5\cdot 3{,}5\cdot 1{,}2$

$a(h) = 63/h + 25h + 8{,}4$

II.7 $V(r,h) = \pi r^2 h + (2/3)\pi r^3$ $\qquad 2\pi rh + \pi r^2 = A$

$v(r) = (A/2)\cdot r - (\pi/3)\cdot r^3$

II.8 $A(r,x) = \pi r^2 + x^2$ $\qquad 2\pi r + 4x = L$

$a(r) = \pi r^2 + (L/4 - (\pi/2)\cdot r)^2$

II.9 $A(r,h) = 2\pi rh + 2\pi r^2$ $\qquad \pi r^2 h = V$

$a(r) = 2\cdot(V/r) + 2\pi r^2$

Abschnitt III

III.1 $T(x,h) = c\cdot x\cdot h^2$ $\qquad h^2 + x^2 = (2r)^2$

$t(x) = c\cdot(4r^2x - x^3)$

III.2 $V(r,h) = \pi\cdot r^2\cdot h$ $\qquad r^2 + h^2 = R^2$

$v(h) = \pi\cdot(R^2\cdot h - h^3)$

III.3 $V(r,h) = \pi\cdot r^2\cdot h$ $\qquad (2r)^2 + (h/2)^2 = R^2$

$v(h) = (\pi/16)\cdot(4R^2h - h^3)$

III.4 $A(x,y) = x\cdot y$ $\qquad (h-y) : h = x : s$

$a(x) = (s/h)\cdot(hy - y^2)$

III.5 $V(r,h) = \pi\cdot r^2\cdot h$ $\qquad (H - h) : H = r : R$

$v(r) = (\pi\cdot H/R)\cdot(R\cdot r^2 - r^3)$

III.6 $V(x,y) = x^2 \cdot y$ $\qquad (h - y) : h = (x/s) : (s/2)$

$v(x) = (h/s) \cdot (sx^2 - x^3)$

III.7 $A(x,y) = x \cdot y$ $\qquad (x-25) : 15 = (30-y) : 10$

$a(x) = 1/3 \cdot (140x - 2x^2)$

$A(x,y) = x \cdot y$ $\qquad (x-32) : 8 = (30-y) : 10$

$a(x) = -(5/4)x^2 + 70x$

Im ersten Fall ist das lokale Maximum zugleich das absolute. Im zweiten Fall ist das absolute Maximum der linke Randwert.

III.8 $A(x,y) = x \cdot y$ $\qquad \dfrac{u - (1 - x)}{u} = \dfrac{b - y}{v}$

$a(x) = (b - v + (v/u) \cdot 1) \cdot x - (v/u) \cdot x^2$

III.9

$V(r,h) = (1/3) \cdot \pi r^2 h$ $\qquad r^2 = \dfrac{R^2 \cdot h}{h - 2R}$

$$v(h) = \frac{\pi R^2}{3} \cdot \frac{h^2}{h - 2R}$$

Abschnitt IV

IV.1 $E(x,y) = \sqrt{x^2 + y^2}$ $\qquad y = (x - 3)^2$

$g(x) = e^2(x) = x^2 + (x - 3)^4$

IV.2 $E(x,y) = \sqrt{(x - 2)^2 + (y - 1)^2}$ $\qquad y = -x^2 + 3x$

$g(x) = e^2(x) = (x - 2)^2 + (-x^2 + 3x - 1)^2$

IV.3 $E(x,y) = \sqrt{x^2 + y^2}$ $\qquad y = f(x)$

$g(x) = e^2(x) = x^2 + f(x)^2$

IV.4 $A(u,b) = 2 \cdot u \cdot b$ $\qquad b = g(u) - f(u)$

$\qquad = 6 - (1/3)u^2 - (1/6)u^2$

$a(u) = -u^3 + 12u$

IV.5 $A(x,y) = x \cdot y$ $\qquad y = (1/4) \cdot (x^2 - 4)^2$

$a(x) = (1/4) \cdot [x \cdot (x^2 - 4)^2]$

IV.6

a) $A(t,w) = (1/2)\cdot 2t\cdot w \qquad w = 1/(1 + t^2)$

$a(t) = t/(1 + t^2)$

b) $V(t,w) = (\pi/3)\cdot t^2\cdot w \qquad w = 1/(1 + t^2)$

$$v(t) = (\pi/3)\cdot\frac{t^2}{1 + t^2}$$

IV.7 $A(t) = t\cdot t^3 - \int_0^t x^3dx + \int_t^2 x^3dx - (2 - t)\cdot t^3$

$A(t) = 1{,}5t^4 - 2t^3 + 4$

Das lokale Minimum ist auch das absolute; das absolute Maximum ist der Randwert A(2).

IV.8 $A(t) = 2\cdot\int_0^t (f_t(x) - g_t(x))dx$

$f_t(x) = t - x^2/t, \quad g_t(x) = t^3 - tx^2$

$A(t) = (4/3)\cdot(t^2 - t^4)$

IV.9 $V(t) = \pi\cdot\int_0^2 (f_t(x))^2dx \qquad f_t(x) = t/(t+2)^2\cdot x\cdot(x-2)$

$$V(t) = (16/15)\cdot\pi\cdot\frac{t^2}{(t+2)^4}$$

Abschnitt V

V.1 $V(r,h) = \pi\cdot r^2h \qquad r^2 + (h/2)^2 = R^2$

$v(h) = \pi\cdot(R^2h - h^3/4)$

V.2 $V(r,h) = (1/3)\cdot\pi\cdot r^2\cdot h \qquad r^2 + h^2 = R^2$

$v(h) = (1/3)\cdot\pi\cdot(R^2 - h^2)\cdot h$

V.3 $U(x,y) = 2\cdot(x + y) \qquad x\cdot y = A$

$u(x) = 2\cdot(x + A/x)$

V.4 $A(\alpha) = b^2\cdot[\sin\alpha\cdot(\cos\alpha + 2)]$

V.5 $U(x,y) = 2(x + y)$ $\quad x^2 + y^2 = (2r)^2$

$u(x) = 2\,(x + \sqrt{4r^2 - x^2}\,)$

oder:

$U(x,y) = 2\cdot(x + y)$ $\quad x = 2r\cdot\cos\varphi,\quad y = 2r\cdot\sin\varphi$

$u(\varphi) = 4r\cdot(\cos\varphi + \sin\varphi)$

V.6 $K(x) = H\cdot(120 - x + 2\cdot\sqrt{x^2 + 60^2}\,)$

V.7 $E(x,y) = \sqrt{(x - 1)^2 + y^2}$ $\quad y = \sqrt{1 + x^2}$

$e(x) = \sqrt{(x - 1)^2 + 1 + x^2}$

$g(x) = e^2(x) = (x - 1)^2 + 1 + x^2$

V.8 $M(r,h) = 2\pi rh$ $\quad (H - h) : H = r : R$

$m(h) = (2\pi R/H)\cdot(H\cdot h - h^2)$

V.9 $A(u,b) = 2\cdot u\cdot b$

$b = f(u) - g(u) = 1 - u^2 - 5u^2 + 8 = 9 - 6u^2$

$a(u) = 2\cdot(9u - 6u^3)$

Abschnitt VI

VI.1 $V(r,h) = (\pi/3)\cdot r^2\cdot h$ $\quad r^2 + (h-R)^2 = R^2$

$v(r) = (\pi/3)\cdot(2Rh^2 - h^3)$

VI.2 $A(r,x) = 2rx + (\pi/2)r^2$ $\quad 2x + (\pi+2)\cdot r = 4$

$a(r) = 4r - (\pi/2 + 2)\cdot r^2$

Abschnitt VII

VII.1 $M(u,v) = \pi/3\cdot v^2\cdot u$ $\quad v^2 = (4 - u)^2\cdot u$

$m(u) = \pi/3\cdot(4 - u)^2\cdot u^2 = \pi/3\cdot(4u - u^2)^2$

VII.2 $A(u,v) = (1/2)\cdot(2+u)\cdot v$ $\quad v = f(u) = (-1/3)\cdot(u^2-2u-8)$

$a(u) = (-1/6)\cdot(u^3-12u-16)$

VII.3 $A(t) = t\cdot f(t)$ $\quad f(t) = t\cdot e^{1-t}$

$A(t) = t^2\cdot e^{1-t}$

VII.4 $E(x,y) = \sqrt{x^2 + y^2}$ $\qquad y = 2/x^2$

$e(x) \;\; = \sqrt{x^2 + 4/x^4}$

$f(x) \;\; = e^2(x) = x^2 + 4 \cdot x^{-4}$

VII.5 $A(u,v) = u \cdot v$ $\qquad v = e^{-2u^2}$

$a(u) \;\; = u \cdot e^{-2u^2}$

VII.6 $A(u,v) = u \cdot v$ $\qquad v = \cos u$

$a(u) \;\; = u \cdot \cos u$

Anmerkungen zur Sprech- bzw. Schreibweise

Variable sollen im folgenden (wie in der Mathematik üblich) immer *Maßzahlen* bedeuten. Wir werden also in der Regel schreiben: "Ein Rechteck mit dem Umfangsmaß U cm . . . , ein Rechteck mit einem *Umfang von U cm* . . ." o.ä. (In der Physik dagegen bedeuten Variable stets *Größen*, bestehend aus Maßzahl und Einheit; dort heißt es also "ein Rechteck vom Umfang U").
Wenn man diese Vereinbarung konsequent durchhält, werden jedoch einige Formulierungen leider recht schwerfällig. Wir werden uns daher z.B. statt "Ein Kreis mit einem Radius der Länge r cm . . . " manchmal auch die "schlampigere", aber übliche Schreibweise "Ein Kreis mit Radius r . . . " o.ä. erlauben.
Noch eine Anmerkung, damit Sie keinen Ärger kriegen! Wir werden aus drucktechnischen Gründen Brüche häufig mit einem Schrägstrich statt mit dem in handgeschriebenen Texten üblichen Bruchstrich schreiben (also z.B. 3/4 oder 1/(1+3x) o.ä.). Bleiben Sie bei Ihren Ausarbeitungen besser bei dem gewohnten Bruchstrich! Ihr Lehrer könnte Ihnen die "schräge Schreibweise" übelnehmen.
Punktkoordinaten trennen wir, um Mißverständnisse zu vermeiden, durch ein Semikolon; P(3/4; 4/5) ist also der Punkt mit den Koordinaten 3/4 und 4/5.

Kein Mathematikbuch ohne Mengenlehre!

N bedeutet im folgenden die Menge der natürlichen, **Z** die Menge der ganzen und **R** die Menge der reellen Zahlen. (Sie haben sich unnötigerweise erschreckt; denn hiermit ist unser Beitrag zur allseits beliebten Mengenlehre auch schon erledigt!)

I. Ohne Nebenbedingungen

Der Funktionsterm der zu optimierenden Größe ergibt sich unmittelbar aus dem Aufgabentext als Term in *einer* Variablen

I.1. In der Not behilft man sich

Langweiliger Vortrag, endlich Pause! Sie möchten eine Zigarette rauchen, aber es ist kein Aschenbecher zur Hand. Zum Glück haben Sie noch das Programm des Vortrags auf DIN-A4! Daraus können Sie durch Falten einen quaderförmigen Behelfs-Aschenbecher herstellen. Da Ihnen schon mehrere Nikotinabhängige (neu-)gierig zusehen, sollten Sie Ihren Aschenbecher möglichst groß machen.

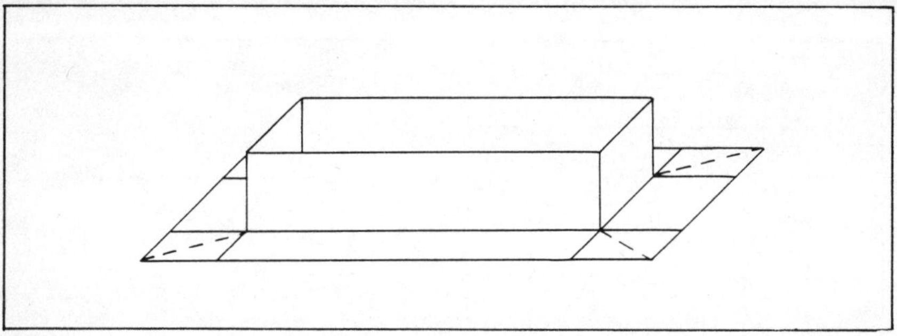

Und das ist unser Problem in einer Formulierung für Nichtraucher:
Bei einem Rechteck der Breite 20 cm und der Länge 32 cm werden an den Ecken Quadrate eingeknickt. Klappt man die entstandenen rechteckigen Randstücke hoch, so erhält man einen oben offenen Quader. Die Seitenlänge der Quadrate ist so zu wählen, daß ein Quader mit möglichst großem Volumen entsteht.

(Wir haben die DIN-A4-Maße des Rechtecks ein wenig "geglättet", um den rechnerischen Teil bei unserem ersten Beispiel zu vereinfachen).

Bearbeitung von Aufgabe I.1

Es kann nicht schaden, wenn Sie selbst einmal einen Quader gemäß unserer Vorschrift herstellen. Hier sehen Sie zwei Beispiele:

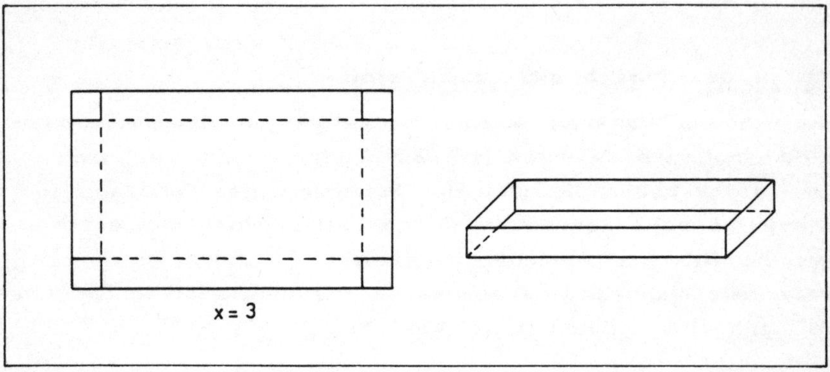

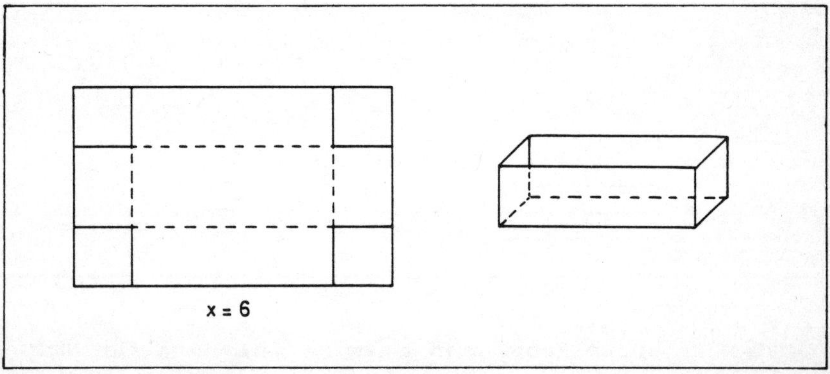

Wir berechnen die Volumenmaße für verschiedene Seitenlängen eingeknickter Quadrate und stellen die Maßzahlen in einer Wertetabelle zusammen:

x	1	2	3	4	5	6	7	8	9	10
V(x)	540	896	1092	1152	1100	960	756	512	252	0

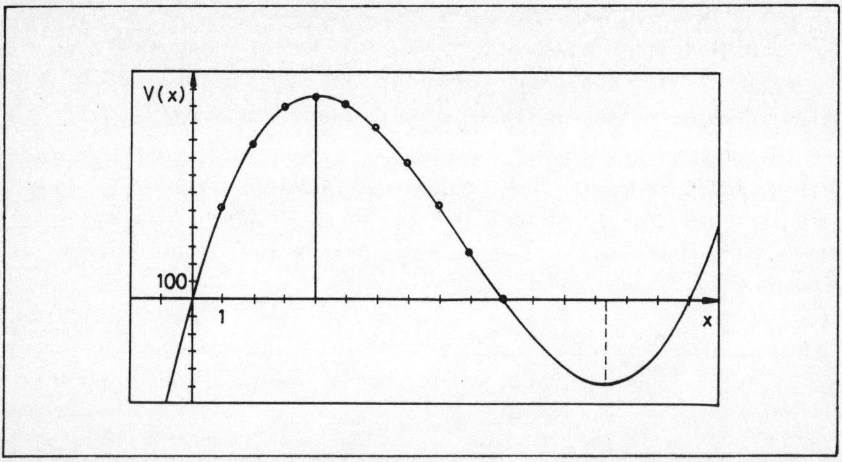

Ein Vergleich der Tabellenwerte läßt uns vermuten: Für $x = 4$ nimmt $V(x)$ seinen größten Wert (1152) an. Trägt man die Wertepaare $(x;V(x))$ in ein Koordinatensystem ein, findet man diese Vermutung "erhärtet". Aber gesichert ist unsere Vermutung noch nicht. Das Maximum könnte ja z.B. auch bei 3,9 oder 4,08 liegen! Wir wollen es *genau* wissen! Wir können exakt begründen, daß die Funktion $V : x \mapsto V(x)$ für $x = 4$ ihren größten Wert annimmt. Zum Glück wissen Sie ja, wie man die (lokalen) Extrema einer differenzierbaren Funktion bestimmt! Oder?!

Vorsichtshalber schreiben wir es noch einmal auf:

Man ermittelt zunächst die Nullstellen des Ableitungsterms $V'(x)$; denn nur diese kommen als (lokale) Extremstellen von $V(x)$ in Betracht. Läßt sich dann noch zeigen, daß an einer solchen Nullstelle von $V'(x)$ der zweite Ableitungsterm einen negativen Wert hat, so ist bewiesen, daß $V(x)$ an dieser Stelle ein lokales Maximum besitzt.

Nach diesem "Vorspiel", das wir bei den folgenden Beispielen als "Profis" nicht mehr brauchen werden, ist unser Programm klar:

1. Aufstellen des Funktionsterms $V(x)$
2. Bilden des Ableitungsterms $V'(x)$
3. Lösen der Gleichung $V'(x) = 0$
4. überprüfen, welche Nullstelle von V' als Extremstelle sinnvoll ist (dazu unten mehr!)
5. überprüfen, ob an der auserkorenen Nullstelle von V'

der zweite Ableitungsterm negativ ist

6. Vergleich mit den Randwerten durchführen (dazu unten mehr!) und zusammenfassenden Schlußsatz formulieren
7. Erschöpft, aber stolz und zufrieden aufatmen

---

1. Der Term für V(x) ist leicht zu gewinnen. Bekanntlich berechnet man die Volumenmaßzahl eines Quaders mit den Maßzahlen l, b und h für Länge, Breite und Höhe durch $V = l \cdot b \cdot h$.

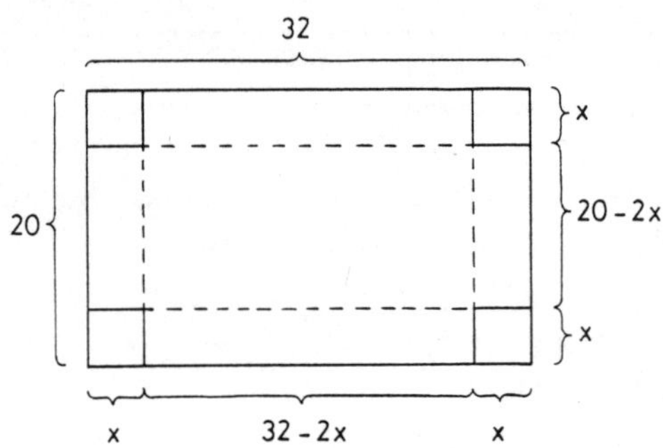

Aus der obigen Zeichnung erkennen wir sofort:
Für unseren Quader gilt
$l = 32 - 2x, \quad b = 20 - 2x, \; h = x.$
Für seine Volumenmaßzahl erhalten wir damit:

$$V(x) = (32 - 2x) \cdot (20 - 2x) \cdot x$$
$$= (640 - 40x - 64x + 4x^2) \cdot x$$
$$= 4x^3 - 104x^2 + 640x$$

2. $$V'(x) = 12x^2 - 208x + 640$$

3. $$12x^2 - 208x + 640 = 0$$

$$\Longleftrightarrow \quad x^2 - (52/3) \cdot x + 160/3 = 0$$
$$\Longleftrightarrow \quad x = 26/3 + \sqrt{676/9 - 480/9} \;\vee$$
$$x = 26/3 - \sqrt{676/9 - 480/9}$$
$$\Longleftrightarrow \quad x = 26/3 + 14/3 \;\vee\; x = 26/3 - 14/3$$
$$\Longleftrightarrow \quad x = 40/3 \;\vee\; x = 4$$

4. V' hat also die beiden Nullstellen 40/3 und 4.
Versuchen Sie mal, an allen Ecken unseres DIN-A4-Blattes Quadrate mit der Seitenlänge 40/3 cm (≈ 13,33 cm) abzuknicken! Sie haben's natürlich längst bemerkt! Für x darf man nur Werte zwischen 0 und 10 nehmen (vgl. auch die Wertetabelle!).
Der Graph der Funktion V klärt die Angelegenheit auf:
Die Funktion hat tatsächlich bei 40/3 ein (lokales) Extremum. Für unser Volumenproblem ist diese Funktion aber nur im Intervall [0;10] sinnvoll. Wir beschränken sie daher auf dieses Definitions-Intervall [0;10].
Die Stelle 40/3 entfällt also, da sie nicht in [0;10] liegt.

5. $V''(x) = 24x - 208 \implies V''(4) = 96 - 208 < 0$
Die Funktion V hat also für x = 4 ein (lokales) Maximum.

6. Man kann begründen, daß das auf dem gezeigten Weg ermittelte lokale Maximum einer Funktion auch das gesuchte absolute ist, wenn die Randwerte der Funktion (die Funktionswerte an den Randstellen des Definitionsintervalls) kleiner sind als der lokale Maximalwert (vgl. Anhang 2).
Im vorliegenden Fall sind die Randwerte V(0) und V(10) beide gleich Null.
Unser Quader hat also für x = 4 das größte Volumen.

7. Das können Sie allein!
Vermutlich ist inzwischen die Vortragspause längst vorbei! Vielleicht haben Sie sogar vergessen, daß Sie eigentlich eine Zigarette rauchen wollten! Das wäre nicht übel!

I.2 Eine Blechkiste

Aus einem quadratischen Blechstück mit dem Seitenmaß a cm werden an den Ecken vier gleichgroße Quadrate ausgeschnitten. Durch Hochbiegen der so entstandenen Rechtecke entsteht eine oben offene Schachtel. Für welche Schnittiefe erhält man die Schachtel mit dem größten Volumen? (Sollten Sie Probleme mit der Variablen a haben, so legen Sie a fest: a = 30)
(Lösung im Anhang 1)

1.3 Mehr Profit durch Preissenkung

Bei einem Preis von 20 DM/kg verkauft die Firma Tschiduscho 10000 kg "herbe Sorte" im Monat. Eine Marktanalyse hat ergeben, daß eine Preissenkung um 0,5 DM/kg zu einer Absatzsteigerung von 1000 kg im Monat führen würde. Bei welchem Verkaufspreis ist der Gewinn am größten, wenn der Selbstkostenpreis für ein kg "herbe Sorte" 14 DM beträgt? (Lösung im Anhang 1)

1.4 Ein Transportproblem

Eine Fabrik in A-Stadt hat eine Firma in B-Stadt zu beliefern. Da A-Stadt an einer Wasserstraße liegt, kann die Lieferung zu Wasser oder zu Lande erfolgen (vgl. Situationsplan: B ist b km vom Kanal entfernt und die Strecke von A bis B' beträgt a km). Die Kosten für den Transport auf dem Wasserweg betragen 80 % der Kosten für den Transport auf dem Landweg.

An welcher Stelle muß die Abzweigung des Transportweges vom Wasserweg zum Landweg erfolgen, wenn die Transportkosten minimal ausfallen sollen? (Land- und Wasserweg sind als geradlinig vorauszusetzen!)

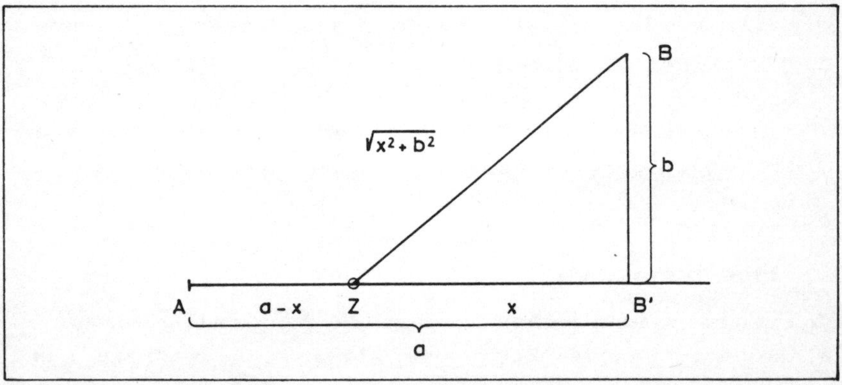

Bearbeitung von Aufgabe 1.4

Die Entfernung der Abzweigstelle von B' betrage x km.
Dann erhält man

	Wasserweg	Landweg
Länge in km	$a - x$	$\sqrt{x^2 + b^2}$
Kosten in DM/km	$0{,}8 \cdot L$	L
Kosten in DM	$0{,}8 \cdot L \cdot (a - x)$	$L \cdot \sqrt{x^2 + b^2}$

Gesamtkosten

$$K(x) = 0{,}8 \cdot L \cdot (a - x) + L \cdot \sqrt{x^2 + b^2}$$

$$= L \cdot \left(0{,}8 \cdot (a - x) + \sqrt{x^2 + b^2} \right)$$

Da die Abzweigungsstelle zwischen A und B' liegen muß, erhält man für die Funktion K die Definitionsmenge $D_K = \{x \mid 0 \leq x \leq a\}$.

Wir bilden K'(x) und lösen die Gleichung K'(x) = 0.

$$K'(x) = L \cdot \left(0{,}8 \cdot (-1) + \frac{x}{\sqrt{x^2 + b^2}} \right)$$

$$L \cdot \left(0{,}8 \cdot (-1) + \frac{x}{\sqrt{x^2 + b^2}} \right) = 0$$

$$\frac{x}{\sqrt{x^2 + b^2}} = 0{,}8$$

$$\frac{x}{\sqrt{x^2 + b^2}} = \frac{4}{5}$$

$$5x = 4 \cdot \sqrt{x^2 + b^2}$$

$$25x^2 = 16x^2 + 16b^2$$

$$9x^2 = 16b^2$$

$$3x = 4b$$

$$x = (4/3) \cdot b$$

Da D_K keine negativen Werte enthält und unsere Rechnung nur für Werte aus D_K durchzuführen ist, konnten wir auf die zweite Lösung $(-4/3) \cdot b$ der quadratischen Gleichung verzichten. Ob die Lösung $(4/3) \cdot b$ in D_K liegt, hängt von a und b ab. Und nur dann kann die Funktion K ein lokales Extremum haben. Wir betrachten zwei Beispiele. Dabei verzichten wir auf die Untersuchung der zweiten Ableitung und argumentieren unter Verwendung von *Satz 2* (Anhang 2).

Beispiel 1:

$a = 150,\ b = 60,\ x_m = 80,\ I = [0;150]$

Da $x_m \in I$, kommen 0, 80 und 150 als Minimumstellen in Betracht. Wir vergleichen die Funktionswerte:

$K(x) = L\cdot(\ 0{,}8\cdot(150 - x) + \sqrt{x^2 + 60^2}\ )$

$K(0) = L\cdot(\ 120 + 60\ ) = 180\ L$

$K(80) = L\cdot(\ 56 + \sqrt{80^2 + 60^2}\ ) = 156\ L$

$K(150) = L\cdot(\sqrt{150^2 + 60^2}\ ) \approx 161{,}55\ L$

Das absolute Minimum der Kostenfunktion K wird also an der Stelle 80 angenommen (hier ist also die im Innern von D_K liegende Nullstelle von K' auch die Stelle des absoluten Minimums).

Beispiel 2:

$a = 50,\ b = 60,\ x_m = 80,\ I = [0;50]$

Da x_m nicht im Definitionsintervall liegt, wird das Minimum an einer der Randstellen angenommen.

$K(x) = L\cdot(\ 0{,}8\cdot(50 - x) + \sqrt{x^2 + 60^2}\ )$

$K(0) = L\cdot(40 + 60) = 100\ L$

$K(50) = L\cdot\sqrt{50^2 + 60^2} \approx 78{,}1\ L$

Die Kosten sind also in diesem Fall minimal, wenn der Transport geradlinig nur auf dem Landweg erfolgt.

Diese Aufgabe sollte Ihnen zeigen, daß man bei der Lösung von Extremwertaufgaben stets auf das Definitionsintervall der zu untersuchenden Funktion achten muß. Insbesondere konnten Sie sehen, daß das gesuchte absolute Extremum auch am Rande des Definitionsintervalls angenommen werden kann.

Den Unterschied zwischen Beispiel 1 (das lokale Minimum ist zugleich das absolute) und Beispiel 2 (das lokale Minimum liegt außerhalb des Definitionsintervalls; daher wird das absolute Minimum am Rand des Definitionsintervalls angenommen) verdeutlichen die beiden folgenden Zeichnungen.

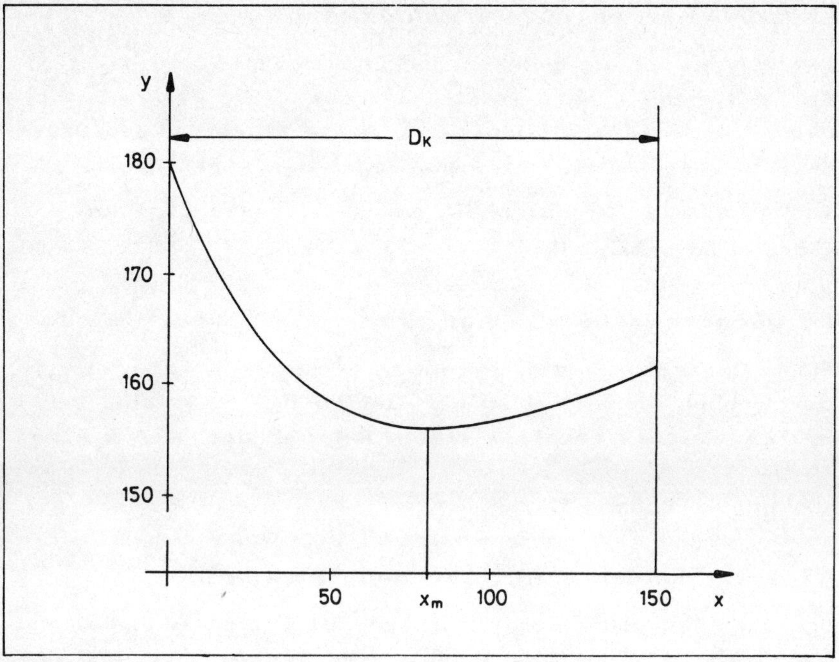
y
D_K
180
170
160
150
50
x_m
100
150
x

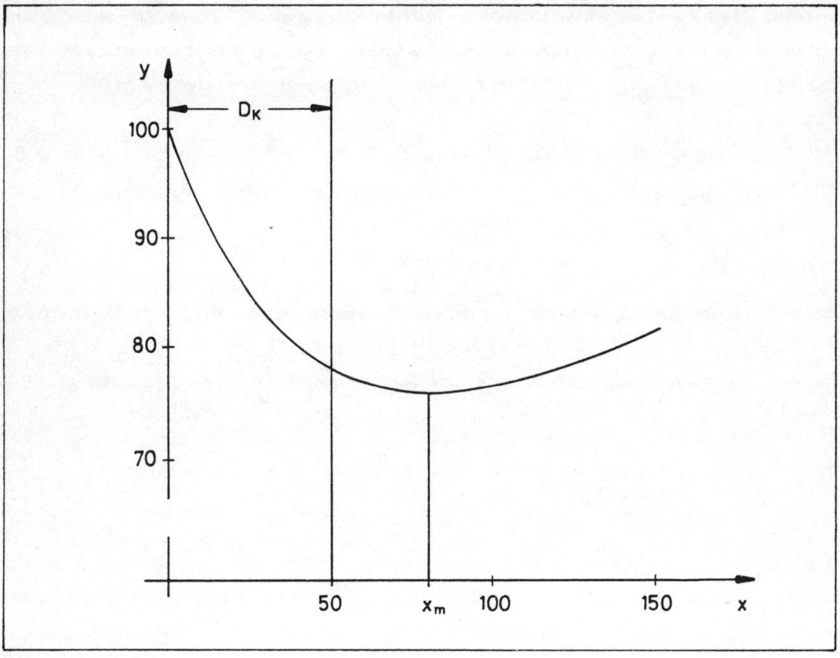
y
D_K
100
90
80
70
50
x_m
100
150
x

I.5 Zwei Kurven auf Maximaldistanz

Betrachten Sie die Graphen der Funktionen f und g mit $f(x) = 1 + \sin x$ und $g(x) = 1 + \cos x$. Die beiden Graphen begrenzen auf Parallelen zur y-Achse (außer in den Graphen-Schnittpunkten) Strecken. An welcher Stelle des Intervalls $[\pi/4; 5\pi/4]$ erhält man die längste Strecke?
(Lösung im Anhang 1)

I.6 Rechtecke im Quadrat

Einem Quadrat mit dem Seitenmaß a werden Rechtecke einbeschrieben, deren Seiten parallel zu den Diagonalen verlaufen. Welches Rechteck dieser Art hat das größte Flächenmaß?
(Lösung im Anhang 1)

I.7 Jetzt kommen wir auf den Trichter!

Um einen (kegelförmigen) Trichter aus Papier zu erhalten, kann man zunächst eine Kreisscheibe ausschneiden und diese längs eines Radius aufschlitzen. In diesem Zustand wird einem das gute Stück noch wenig nutzen. Man muß die Kreisscheibe über der Schnittstelle zusammenziehen. Weiter, noch weiter, ... Halt, jetzt war's zu weit, der Trichter ist zu spitz!
Bei welchem Winkelmaß φ (des halben "Öffnungswinkels", vgl. Fig. auf S.27) hat unser Trichter das größte Volumen?

Bearbeitung von Aufgabe I.7

Das Volumenmaß eines geraden Kreiskegels, dessen Grundkreisradius r LE und dessen Höhe h LE lang ist (LE bedeutet "Längeneinheiten", z.B. cm), berechnet man durch

$$V = (1/3)\cdot\pi\cdot r^2\cdot h$$

Mit $r = s\cdot\sin\varphi$ und $h = s\cdot\cos\varphi$ erhält man hieraus

$$V(\varphi) = (1/3)\cdot\pi\cdot s^3\cdot\sin^2\varphi\cdot\cos\varphi$$

Da der Winkel φ als halber Öffnungswinkel des Kegels offenbar nur Werte zwischen 0° und 90° annehmen kann, gilt $D_V = \{\varphi \mid 0^\circ \le \varphi \le 90^\circ\}$.

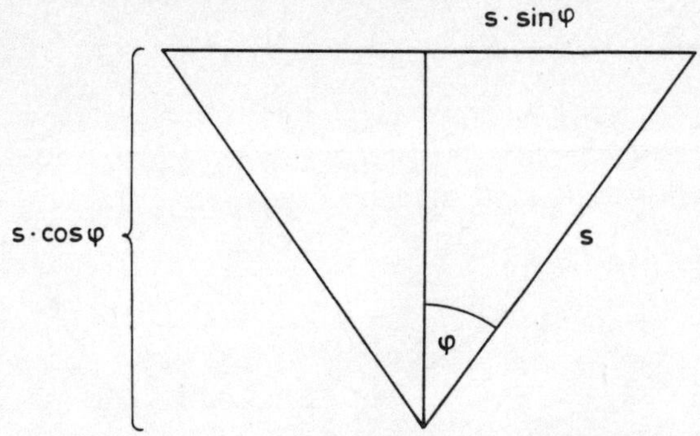

Zur Ermittlung von V' wenden wir die Produktregel an; dabei beachten wir: sin' = cos und cos' = - sin

und $(\sin^2\varphi)' = 2 \cdot \sin\varphi \cdot \cos\varphi$.

Wir erhalten:

$$V'(\varphi) = (1/3) \cdot \pi \cdot s^3 \cdot (2 \cdot \sin\varphi \cdot \cos\varphi \cdot \cos\varphi + \sin^2\varphi \cdot (- \sin\varphi))$$

$$(1/3) \cdot \pi \cdot s^3 \cdot (2 \cdot \sin\varphi \cdot \cos\varphi \cdot \cos\varphi - \sin^2\varphi \cdot \sin\varphi) = 0$$

$$\Longleftrightarrow \quad \sin\varphi \cdot (2 \cdot \cos^2\varphi - \sin^2\varphi) = 0$$

$$\Longleftrightarrow \quad \sin\varphi = 0 \quad \vee \quad 2 = \sin^2\varphi / \cos^2\varphi$$

$$\Longleftrightarrow \quad \sin\varphi = 0 \quad \vee \quad 2 = \tan^2\varphi$$

$$\Longleftrightarrow \quad \varphi = 0 \quad \vee \quad \varphi = \arctan\sqrt{2} \approx 54{,}74^\circ$$

Hinweis für kritische Leser, also insbesondere für Sie: Da die Funktion $V(\varphi)$ nur in D_V betrachtet wird, sind die obigen Umformungen tatsächlich Äquivalenzumformungen.

Die Untersuchung des Terms $V''(\varphi)$ ist recht umständlich; daher wenden wir Satz 2 (s. Anhang 2) an.

Vergleich mit den Randwerten:

$V(0) = 0$, $V(\arctan\sqrt{2}) > 0$, $V(90^\circ) = 0$

Da $V(\arctan\sqrt{2})$ der größte Wert von $V(\varphi)$ im Definitionsintervall $[0^\circ;90^\circ]$ ist, stellt dieser Wert das absolute Maximum der Funktion dar.

Der Querschnitt unseres Trichters ist auf Grund der

Beziehung $\tan\varphi = \sqrt{2}$ leicht zu konstruieren:

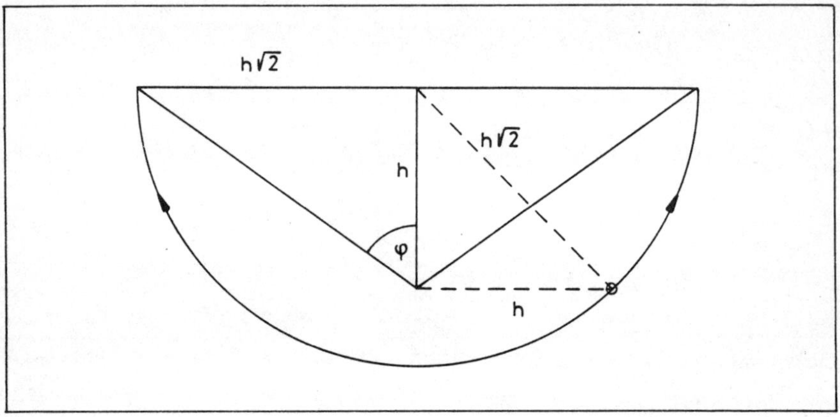

Von Interesse ist noch das Maß α des Mittelpunktswinkels, der die Größe des Kreissektors bestimmt, aus dem der Trichter mit maximalem Fassungsvermögen gebildet werden kann.

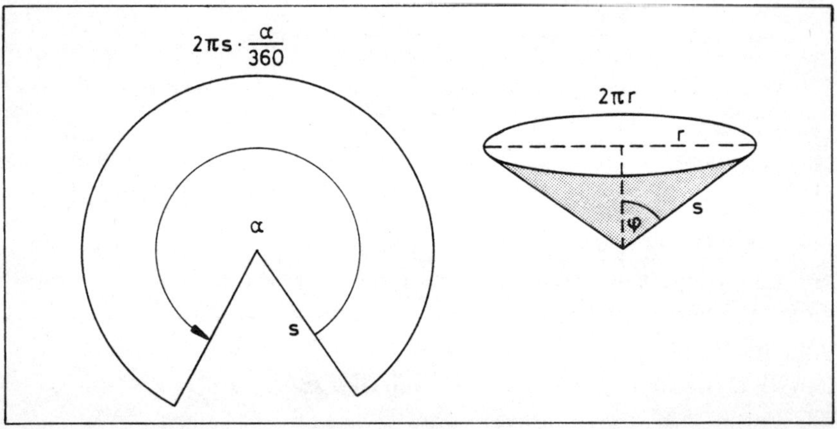

Da aus dem Rand des Sektors der (kreisförmige) Rand des Trichters entsteht, gilt

$$2\pi s \cdot \frac{\alpha}{360^\circ} = 2\pi r, \text{ also hier } 2\pi s \cdot \frac{\alpha}{360^\circ} = 2\pi \cdot (s \cdot \sin\varphi)$$

$$\Longleftrightarrow \quad \alpha = 360^\circ \cdot \sin\varphi \quad \Longrightarrow \quad \alpha \approx 294^\circ$$

Schließlich vergleichen wir noch die "Form" unseres Trichters mit der eines "handelsüblichen".

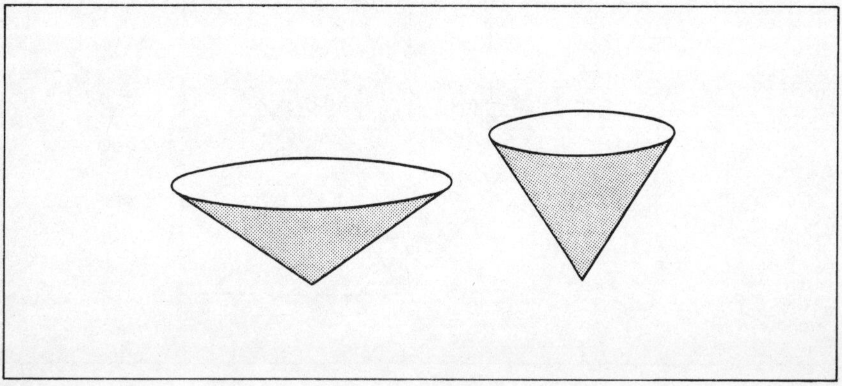

Jetzt wissen wir's genau! Die Trichter üblicher Form haben nicht das maximal mögliche Volumen. Vermutlich verzichtet man auf das größte Fassungsvermögen, weil derartig flache Trichter unpraktisch sind (der Trichterinhalt schwappt zu leicht über). Ein Trichter mit maximalem Fassungsvermögen ist nicht unbedingt der optimale!
Den "Nürnberger Trichter" sollte man allerdings wohl doch nach den von uns berechneten Maßen herstellen!?

I.8 Zwei Bretter, die einen Kanal bedeuten

Aus zwei gleichen Brettern mit der Breite b ist eine Rinne zu bauen. Natürlich soll das Ergebnis unserer Anstrengungen möglichst viel Wasser (oder ähnliches, vielleicht weniger Edles) transportieren. Bestimmen Sie den "richtigen" Neigungswinkel!
(Lösung im Anhang 1)

Lösungshinweise:
Wie Sie aus der Zeichnung auf Seite 30 erkennen, kann man die zu maximierende Dreiecksfläche leicht in eine gleich große Rechteckfläche verwandeln. Für deren Flächenmaß erhält man den Term
$A(\varphi) = b \cdot \sin\varphi \cdot b \cdot \cos\varphi = b^2 \cdot \sin\varphi \cdot \cos\varphi$
mit der Definitionsmenge $D_A = \{\varphi \mid 0^\circ \leq \varphi \leq 90^\circ\}$
Und nun ans Werk!

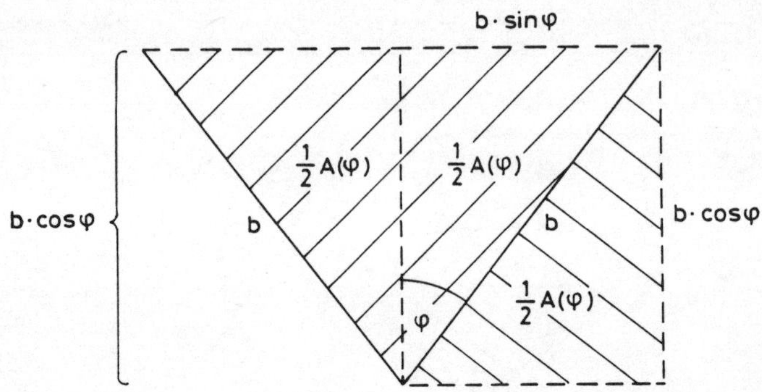

I.9 Ein Trapezakt mit drei Brettern

Aus drei gleichen Brettern mit der Breite b ist eine Rinne mit trapezförmigem Querschnitt zu bauen. Natürlich soll auch bei dieser Rinne möglichst großes Fassungsvermögen erzielt werden!
(Lösung im Anhang 1)

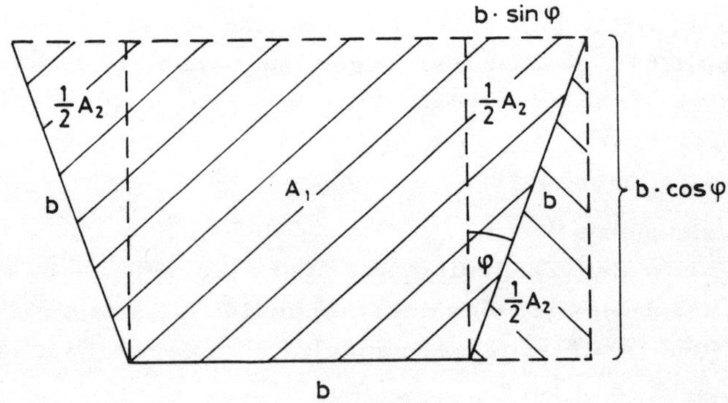

II. Feste Maße

Die erforderlichen Nebenbedingungen ergeben sich aus fest vorgegebenen Maßen

Bei den im folgenden betrachteten Extremalproblemen erhält man die zu optimierende Größe zunächst als Funktion von zwei (manchmal auch drei) Variablen (z.B. das Flächenmaß eines Rechtecks als Funktion von Längen- und Breitenmaß). Dem Aufgabentext läßt sich in solchen Fällen eine Relation zwischen den auftretenden Variablen entnehmen. Mit Hilfe dieser "Nebenbedingung" kann man die zu optimierende Größe als Funktion *einer* Variablen darstellen, sodaß man bei der Ermittlung der Extremstellen dann wieder wie bei den Aufgaben des vorigen Abschnitts verfahren kann.
In dieser Gruppe ergibt sich die Nebenbedingung daraus, daß *ein Maß der zu optimierenden Größe fest* vorgegeben ist (z.B. das Umfangsmaß des Rechtecks).

II.1 Ein Seilakt auf dem Campingplatz

Auf einer Campinganlage in Extremanien erhält man ein Seil von 20 m Länge und darf sich seinen (rechteckigen) Platz selbst abgrenzen. Max Maxwell sieht sofort, daß an der (hübsch gerade gewachsenen) Hecke noch genügend Platz ist und benutzt die Hecke als eine Rechtecksseite. Bei welchen Seitenmaßen erreicht sein Platz das größtmögliche Flächenmaß?

Bearbeitung von Aufgabe II.1

So etwa könnte Max Maxwells Lösung des Seilproblems aussehen:

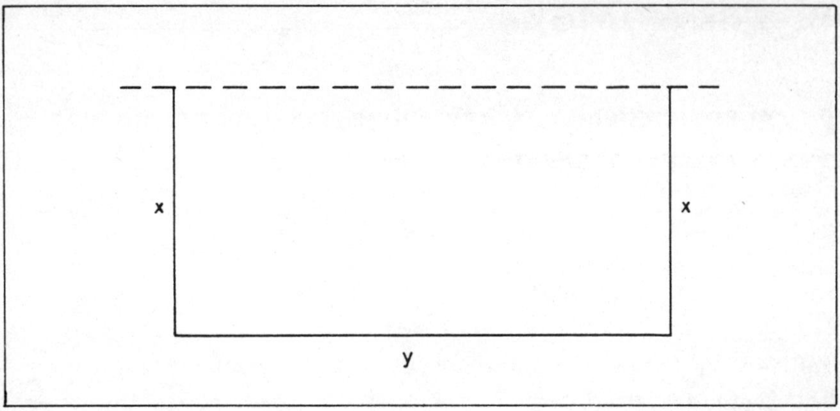

Wir stellen in einer Tabelle die Daten möglicher Rechtecke, also solcher, die man aus dem 20m-Seil bilden kann, zusammen und tragen auch gleich die entsprechende Flächenmaßzahl ein.

	x	y	A
	1	18	18
	2	16	32
	3	14	42
	4	12	48
——›	5	10	50
	6	8	48
	7	6	42
	8	4	32
	9	2	18
	10	0	0

Wir vermuten: Das maximal mögliche Flächenmaß beträgt 50 m^2 und wird bei der Seilaufteilung 5m + 10m + 5m erreicht.

Daß diese Vermutung zutrifft, können wir ähnlich wie bei den Aufgaben des vorigen Abschnitts exakt begründen.

Zunächst erhalten wir für das Flächenmaß der zu untersuchenden Rechtecke

$A(x,y) = x \cdot y$

A(x,y) ist ein Funktionsterm in den *zwei* Variablen x und y.

Z.B. gilt $A(3,17) = 3 \cdot 17 = 51$

$A(4,20) = 4 \cdot 20 = 80$

In unserem Beispiel kann man jedoch x und y nicht frei wählen. Hat man

für **x** die Zahl **1** gewählt, so bleibt für **y** genau 20 - 2·**1** von der Seillängenmaßzahl 20 übrig; hat man
für **x** die Zahl **2** gewählt, so bleibt für **y** noch 20 - 2·**2**, also 16 übrig usf. .
In allen Fällen muß für x und y die *Nebenbedingung*
$2 \cdot x + y = 20$ erfüllt sein.
Hat man **x** gewählt, so bleibt für **y** noch 20 - 2·**x** übrig, wie man durch *Auflösen der Nebenbedingung nach y* erhält:

$$2 \cdot x + \mathbf{y} = 20$$
$$\iff \quad \mathbf{y} = \mathbf{20 - 2 \cdot x}$$

Wir tragen **20 - 2·x** für **y** in den Term A(x,**y**) = x·**y** ein und erhalten
$a(x) = x \cdot (\mathbf{20 - 2 \cdot x})$,
also einen Term in der *einen* Variablen x.
(Weil dieser Term in *einer* Variablen aus A(x,y) entstanden ist, bezeichnen wir ihn mit a(x), verwenden also den entsprechenden Kleinbuchstaben.)

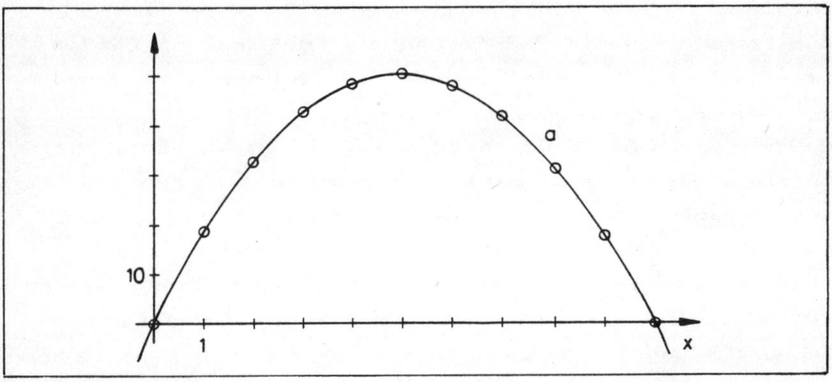

Die Untersuchung des Funktionsterms a(x) auf Extremstellen können wir nun wie gewohnt durchführen.

1. $a(x) = x \cdot (20 - 2 \cdot x) = 20x - 2x^2$
2. Wir bilden a'(x)
   $a'(x) = 20 - 4x$
3. Wir berechnen die Nullstelle von a'(x)
   $20 - 4x = 0 \iff 20 = 4x \iff 5 = x$

Nur die Stelle 5 kommt als lokale Extremstelle in Betracht.

4. Wir berechnen $a''(5)$

   $a''(x) = -4$, $a''(5) = -4$

   Da $a'(5) = 0 \wedge a''(5) < 0$, hat $a(x)$ an der Stelle 5 ein lokales Maximum.

5. Vergleich mit den Randwerten

   $a(0) = 0$, $a(10) = 0$, $a(5) = 50$

   Das lokale Maximum ist auch das gesuchte globale.

Ergebnis:

Das maximal mögliche Flächenmaß eines in der beschriebenen Art, durch ein 20m-Seil zu begrenzenden rechteckigen Platzes, wird bei der Seilaufteilung 5m + 10m + 5m erreicht. Es beträgt $50m^2$.

Wir haben gelernt:

Extremwertaufgaben mit *Nebenbedingungen* löst man folgendermaßen:

1. Man stellt die zu optimierende Größe dem Aufgabentext entsprechend als Funktion geeigneter Variabler dar (z.B. das Flächenmaß von Rechtecken als Funktion von Längen- und Breitenmaß, das Volumenmaß von Zylindern als Funktion von Radius- und Höhenmaß).
2. Treten in dem Funktionsterm genau zwei Variable auf, so entnimmt man dem Aufgabentext eine Relation zwischen diesen Variablen. Mit Hilfe dieser *Nebenbedingung* drückt man eine der beiden Variablen durch die andere aus und trägt den entsprechenden Term in den zu untersuchenden Funktionsterm ein. So erhält man einen Funktionsterm in *einer* Variablen.
3. Der Funktionsterm in einer Variablen ist so zu behandeln wie in den Beispielen des Abschnitts I.

Wichtiger Hinweis:

Im obigen Beispiel hätten wir die Nebenbedingung statt nach y ebenso leicht nach x auflösen können. Wir hätten dann

$\mathbf{x} = \mathbf{10} - \mathbf{y/2}$ erhalten und weiter durch Eintragen dieses Terms für $\mathbf{x}$ in

$A(\mathbf{x},y) = \mathbf{x} \cdot y$:

$a^*(y) = (\mathbf{10} - \mathbf{y/2}) \cdot y$

$a^*(y) = 10y - y^2/2$

Die weitere Behandlung des Terms $a^*(y)$ verliefe genauso problemlos wie die oben mit $a(x)$ durchgeführte. Dies ist aber im allgemeinen nicht so. Bei vielen Extremwertaufgaben kann die "richtige" Wahl der zu ersetzenden Variablen den zur Lösung notwendigen Rechenaufwand erheblich reduzieren! Wir kommen darauf im folgenden noch zurück (vgl. z.B. II.7).

Wenn ein Funktionsterm drei oder mehr Variable enthält, verfährt man ganz entsprechend: Mit Hilfe von zwei bzw. mehr Nebenbedingungen ermittelt man auch hier einen Funktionsterm in einer Variablen. Aber keine Sorge! Mit solchen Fällen werden Sie im Unterricht selten zu tun haben. Wir haben hier auch nur vorsichtshalber zu Ihrer Sicherheit zwei Beispiele aufgenommen (vgl. Beispiele II.6 und III.9).

Anmerkungen zu Extremwerten quadratischer Funktionen (können bei der ersten Lektüre überschlagen werden!):
Wie der obige Graph der Funktion a zeigt, kann man Extremstelle und Extremwert einer Funktion zweiten Grades ermitteln, indem man die Scheitelpunkt-Koordinaten des Funktionsgraphen (also einer Parabel zweiten Grades bestimmt). Diese Scheitelpunkt-Koordinaten kann man bekanntlich (?) ohne das "schwere Geschütz" Differentialrechnung berechnen. Im Falle der Funktion a mit $a(x) = 20x - 2x^2$ verläuft diese Berechnung folgendermaßen:

$y = 20x - 2x^2$

$y = -2 \cdot (x^2 - 10x)$

$y = -2 \cdot (x^2 - 10x + 25 - 25)$

$y = -2 \cdot (x^2 - 10x + 25) + 50$

$y = -2 \cdot (x - 5)^2 + 50$

$y - \mathbf{50} = -2 \cdot (x - \mathbf{5})^2$

Durch Vergleich mit der "allgemeinen" Gleichung

$y - \mathbf{y_0} = \alpha \cdot (x - \mathbf{x_0})^2$

einer Parabel zweiten Grades, in der x_0 und y_0 die Koordinaten des "Scheitelpunktes" bedeuten, erhalten wir $x_0 = 5$ und $y_0 = 50$, also die gleiche Extremstelle und den gleichen Extremwert wie oben.

Für kritische Leser, also insbesondere für Sie:
Daß der Term $\mathbf{y_0} + \alpha \cdot (x - \mathbf{x_0})^2$ ($\alpha < 0$, $x \in \mathbf{R}$) genau an der Stelle x_0 sein Maximum y_0 annimmt, kann man auch ohne Bezugnahme auf die graphische Darstellung exakt begründen:

Für alle $x \in \mathbf{R}$ gilt, wenn $\alpha < 0$:

$(x - \mathbf{x_0})^2 \geq 0 \implies \alpha \cdot (x - \mathbf{x_0})^2 \leq 0$

$\implies \mathbf{y_0} + \alpha \cdot (x - \mathbf{x_0})^2 \leq \mathbf{y_0}$

$\mathbf{y_0}$ ist also das absolute Maximum des Terms, das offenbar genau für $x = \mathbf{x_0}$ angenommen wird.

Vorteile des "elementaren" Verfahrens:
Es ist klar, daß die gefundenen Werte global gelten, wenn die Stelle x_0 im Definitionsintervall der zu untersuchenden Funktion liegt.
Man erhält als Ergebnis der Rechnung Extremstelle *und* -wert.

Nachteile:
Die Umformung eines quadratischen Terms in die Normalform ist ein wenig lästig.
Das Verfahren läßt sich nicht verallgemeinern.

Konsequenz:
Wenn man die Mittel der Differentialrechnung einmal zur Verfügung hat, wird man Extremstelle und -wert auch bei einer quadratischen Funktionen mit diesen Mitteln bestimmen.

Hat man mehrere Extremwertprobleme zu bearbeiten, die auf quadratische Funktionsterme führen, lohnt es, den folgenden *Satz* zu beweisen:

Jede ganz-rationale Funktion f zweiten Grades (also f mit $f(x) = \alpha x^2 + \beta x + \gamma$, $\alpha \neq 0$, $x \in \mathbf{R}$) hat genau an der Stelle $-\beta/(2\alpha)$ ein absolutes Extremum, und zwar

für $\alpha > 0$ ein absolutes Minimum,

für $\alpha < 0$ ein absolutes Maximum.

Zum *Beweis* könnten wir wie vorhin den Term f(x) in die Normalform bringen und dann die Scheitelpunktkoordinaten ablesen.
Wir können aber auch folgendermaßen argumentieren:

Als lokale Extremstelle kommt nur die Nullstelle von $f'(x) = 2\alpha x + \beta$ in Betracht.

$2\alpha x + \beta = 0$ gilt genau für $x = -\beta/(2\alpha)$ (beachten Sie, daß $\alpha \neq 0$ vorausgesetzt wurde).

Wegen $f''(x) = 2\alpha$ für alle $x \in \mathbb{R}$ erhält man

$$f'(-\beta/(2\alpha)) = 0 \quad \wedge \quad f''(-\beta/(2\alpha)) > 0 \text{ für } \alpha > 0 \quad \text{und}$$

$$f'(-\beta/(2\alpha)) = 0 \quad \wedge \quad f''(-\beta/(2\alpha)) < 0 \text{ für } \alpha < 0;$$

f hat also bei $-\beta/(2\alpha)$ ein lokales Minimum bzw. Maximum.

Wegen $\lim_{x\to\infty} f(x) = \lim_{x\to-\infty} f(x) = +\infty$ für $\alpha > 0$ bzw.

$\lim_{x\to\infty} f(x) = \lim_{x\to-\infty} f(x) = -\infty$ für $\alpha < 0$

ist das lokale Minimum bzw. Maximum absolut.

Beachten Sie jedoch: Ist bei einer Extremwertaufgabe das Definitionsintervall von f eingeschränkt, so muß das absolute Extremum durch Vergleich mit den Randwerten ermittelt werden.

II.2 Vom Campingplatz zum Fußballfeld

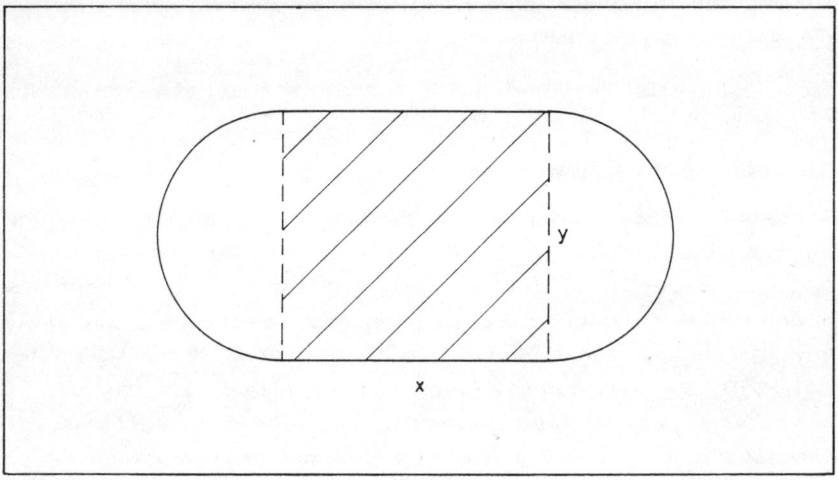

Viele Stadien sind sowohl für Leichtathletik-Wettkämpfe als auch für Fußballspiele geeignet. Die Laufbahn (400 m Länge) besteht dann bekanntlich aus zwei gegenüberliegenden parallelen Strecken von 100 m Länge mit zwei aufgesetzten

Halbkreisen. Wir wollen prüfen, ob bei dieser Aufteilung der Laufbahn die rechteckige Spielfläche so groß wie möglich ist, also:
Wie sind die Länge der Parallelstrecken und der Radius der Halbkreise zu wählen, wenn bei einer Laufbahnlänge von insgesamt 400 m die rechteckige Spielfläche möglichst groß sein soll?
(Lösung in Anhang 1)

Lösungshinweis:
Natürlich beginnen Sie mit dem Funktionsterm $A(x,y) = x \cdot y$ für das Flächenmaß des rechteckigen Fußballplatzes. Die Nebenbedingung lautet $2x + 2\pi(y/2) = 400$.

II.3 Ein innermathematisches Problem in zwei Gewändern

Welches Rechteck mit dem Umfangsmaß 48 cm hat die kürzeste Diagonale?
Zeigen Sie, daß dieses geometrische Problem dem folgenden algebraischen gleichwertig ist:
Zerlege die Zahl 24 so in zwei positive Summanden, daß die Summe der Quadrate dieser Summanden minimal ausfällt.
(Lösung in Anhang 1)

Lösungshinweis: Verwenden Sie den Satz des Pythagoras.

II.4 Hier geht's um Geld !

Der AULIS VERLAG möchte den Bestseller "Klausur- und Abiturtraining Mathematik 2" (inzwischen bundesweit als KAT/MATH 2 bekannt!) in der zehnten Auflage auf entsprechend hochwertigem Papier drucken. Man hat festgelegt, daß das Gedruckte auf jeder Seite eine Fläche von 192 cm^2 einnehmen soll. Die seitlichen Ränder sollen jeweils 1,5 cm, der obere und untere Rand jeweils 2 cm betragen. Bestimmen Sie das Format des Buches, das den geringsten Papierverbrauch garantiert.
Das eingesparte Geld soll dem Autor des Buches als Prämie zufließen! Wenn das kein anwendungsbezogenes Extremalproblem ist!!

Bearbeitung von Aufgabe II.4

Für die Breitenmaßzahl des bedruckten Rechtecks führen wir die Variable x, für die Höhenmaßzahl die Variable y ein. Dann entspricht der Breite der ganzen Seite der Term x + 3 und ihrer Höhe y + 4 ; wir müssen ja links *und* rechts jeweils 1,5 und oben *und* unten jeweils 2 addieren. Für die Flächenmaßzahl der ganzen Seite erhalten wir damit

$A(x,y) = (x + 3)\cdot(\mathbf{y} + 4)$

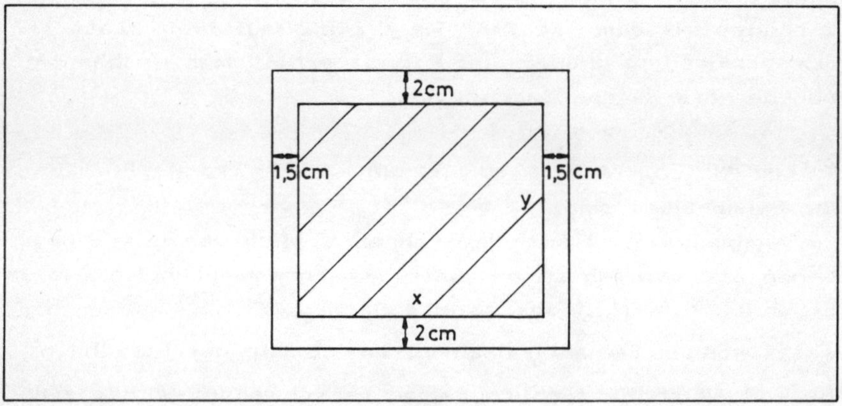

Da das Gedruckte 192 cm^2 Fläche einnehmen soll, lautet die zu beachtende Nebenbedingung:

$$x\cdot \mathbf{y} = 192$$

$$\Longleftrightarrow \quad \mathbf{y = 192/x} \quad (x > 0)$$

Tragen wir diesen Term **192/x** oben **für y** ein, erhalten wir

$$a(x) = (x + 3)\cdot(\mathbf{192/x} + 4) \quad (D_a = \mathbb{R}^+)$$

$$= 192 + 4x + 576/x + 12$$

$$a'(x) = 4 - 576/x^2$$

$$4 - 576/x^2 = 0$$

$$\Longleftrightarrow \quad 4\,x^2 = 576$$

$$\Longleftrightarrow \quad x^2 = 144$$

$$\Longleftrightarrow \quad x = 12 \quad (\text{in } D_a)$$

a(x) kann also nur für x = 12 ein lokales Minimum besitzen.

$a''(x) = 576 \cdot (2/x^3)$

$a''(12) > 0$

Weil $a'(12) = 0 \wedge a''(12) > 0$ gilt, hat die Funktion a an der Stelle 12 ein lokales Minimum. Es beträgt 300 (= a(12)).
Der zugehörige y-Wert ist 16 (= 192/12).
Vergleich des Wertes a(12) mit den "Randwerten": Da der Term a(x) für $x \to 0$ und für $x \to \infty$ über alle Schranken wächst, ist das lokale Minimum zugleich das absolute.

Hinweis: Die Ergebnisse sind bei Durchführung der obigen Rechnung mit dem "echten" Wert 200,2 (=11·18,2) statt 192 nur geringfügig größer. Als Format erhält man unabhängig von der Fläche des Bedruckten

$$x : y = 3 : 4$$

(allgemein: $x : y = x_{Rand} : y_{Rand}$, wobei x_{Rand} und y_{Rand} die Randbreiten sind).
Vielleicht reizt es Sie, diese ehrenwörtlich von uns abgegebenen Erklärungen zu beweisen. Mit Ehrenworten ist das ja bekanntlich heutzutage so eine Sache . . .

Jetzt können Sie auch nachprüfen, ob für das vor Ihnen liegende Buch tatsächlich Papier verschwendet wurde. (Wir hoffen, daß Sie diesen Satz nicht anders verstehen als wir ihn gemeint haben!)

II.5 Seien Sie auf Draht !

Stellen Sie ein Kantenmodell eines Quaders mit quadratischer Grundfläche her. Sie haben dazu 120 cm Draht und 30 Minuten Zeit. Natürlich soll Ihr Quader das größtmögliche Volumen haben!
(Lösung in Anhang 1)

Lösungshinweise:

Für das Volumen des Quaders gilt:

$V(x,h) = x \cdot x \cdot h$

$= x^2 \cdot \mathbf{h}$

Die Summe aller Kanten soll 120 cm betragen:

$4x + 4x + 4h = 120$

$\Longleftrightarrow \quad 2x + h = 30$

$\Longleftrightarrow \quad \mathbf{h = 30 - 2x}$

Trägt man **30 - 2x** für **h** in V(x,**h**) ein, so erhält man den Funktionsterm v(x):

$v(x) = x^2 \cdot (\mathbf{30} - \mathbf{2x})$

$v(x) = 30x^2 - 2x^3, \quad D_v = \{ x \mid 0 \leq x \leq 15 \}$

Und nun frisch ans Werk!

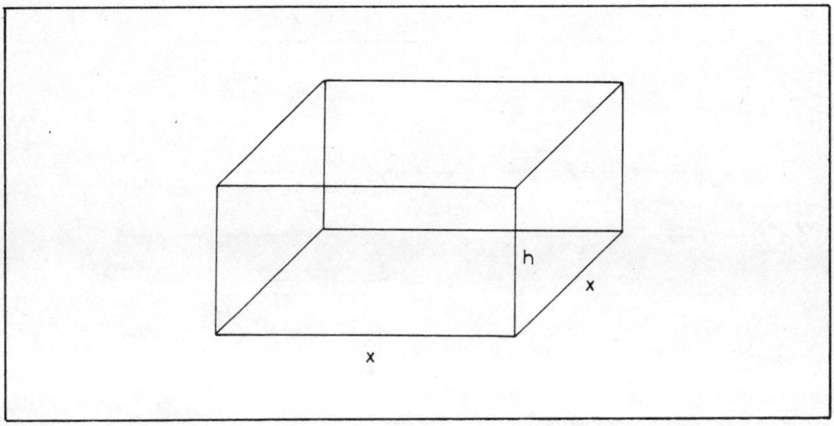

II.6 Für Umweltbewußte: Es wird Holz gespart !

Wird bei der Herstellung von Streichholz-Schachteln Material verschwendet?

Die üblichen Streichholzschachteln haben die folgenden Maße: Länge 5 cm, Breite 3,5 cm und Höhe 1,2 cm.

Sind das die Maße der Schachtel mit dem kleinstmöglichen Materialverbrauch?

Bestimmen Sie, um diese Frage beantworten zu können, die Maße der Streichholzschachtel mit minimalem Flächenmaß.

Bei der Hülse ist eine Seitenfläche (als Klebefläche) doppelt zu berücksichtigen. Die vertraute Streichholzlänge von 5 cm und das Fassungsvermögen der Schachtel sind natürlich beizubehalten.

(Lösung in Anhang 1)

Lösungshinweise:

Die geringfügigen Unterschiede zwischen Schachtellänge und Streichholzlänge sowie zwischen den Maßen der Schachtel und der Hülse dürfen Sie bei Ihrer Lösung "übersehen".

Zielfunktionsterm:

$A(l,b,h) = (l\cdot b + 2\cdot l\cdot h + 2\cdot b\cdot h) + (2\cdot l\cdot b + 3\cdot l\cdot h)$

$\quad = 3\cdot l\cdot b + 5\cdot l\cdot h + 2\cdot b\cdot h$

Nebenbedingungen:

Aus $l = 5$ und $5\cdot b\cdot h = 5\cdot 3{,}5\cdot 1{,}2$ folgt $b = 4{,}2/h$,

$a(h) = 3\cdot 5\cdot (4{,}2/h) + 25h + 8{,}4 = 63/h + 25h + 8{,}4$

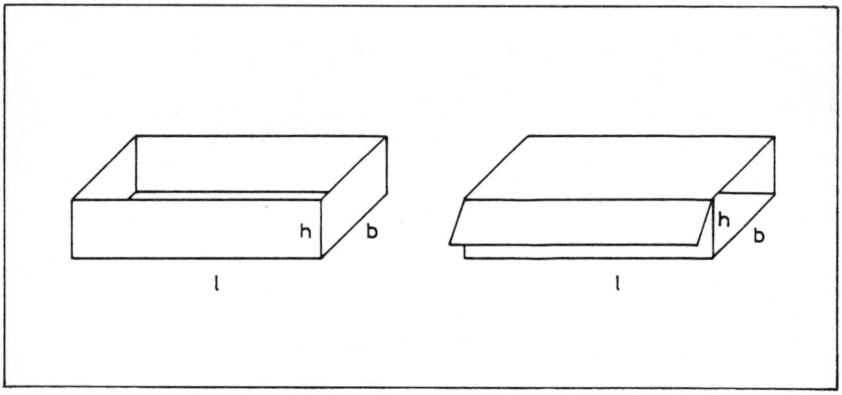

II.7 Ein Überraschungskessel

Ein (offener) Kessel, der aus einer Halbkugel mit oben aufgesetztem Zylindermantel besteht, soll bei vorgegebenem Oberflächenmaß maximales Volumen annehmen.

Bearbeitung von Aufgabe II.7

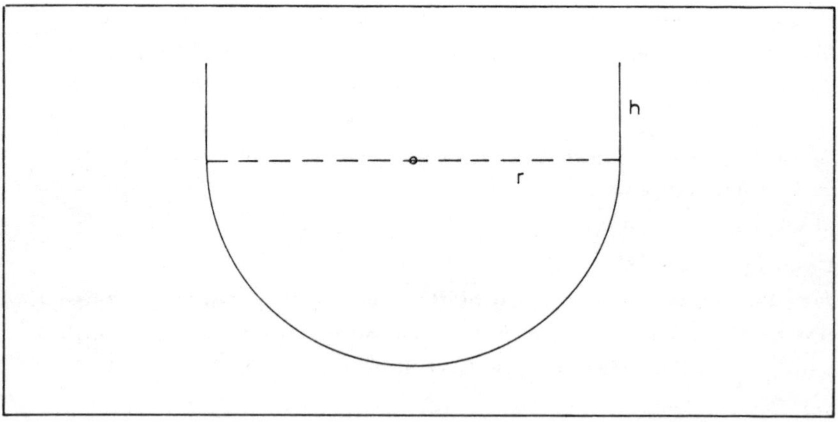

Da der Kessel aus einem Zylinder und einer Halbkugel zusammengesetzt ist, gehen wir von den Termen für die Volumina von Zylindern und Halbkugeln aus. Für die entsprechenden Maßzahlen gilt: $V_{Zyl} = \pi r^2 h$, $V_{Halbkugel} = (2/3)\pi r^3$

Die Maßzahl des Kesselvolumens ergibt sich dann aus dem Term

$V(r,h) = \pi r^2 h + (2/3)\pi r^3$

Für die Oberflächenmaßzahl $A_K(r,h)$ erhält man entsprechend $A_K(r,h) = 2\pi rh + 2\pi r^2$.

$(A_{Zylindermantel} = 2\pi rh,\ A_{Halbkugel} = 2\pi r^2)$

Dem Aufgabentext entnehmen wir, daß das Oberflächenmaß fest vorgegeben ist; also gilt

$2\pi rh + 2\pi r^2 = A$,

wobei A festliegt (z.B. A = 0,5 , wenn das Oberflächenmaß 0,5 m^2 beträgt).

Mit Hilfe der Nebenbedingung $2\pi rh + 2\pi r^2 = A$ können wir nun r durch h oder h durch r ausdrücken. Aber diesmal ist es nicht (wie bei den bisher behandelten Beispielen dieses Abschnitts) gleichgültig, welche dieser beiden Möglichkeiten wir wählen. Es ist eindeutig günstiger, h durch r auszudrücken! Wir erhalten

$$
\begin{aligned}
& 2\pi rh + 2\pi r^2 = A \\
\Longleftrightarrow\quad & 2\pi rh = A - 2\pi r^2 \\
& h = A/(2\pi r) - r.
\end{aligned}
$$

Dieser Term braucht nur an *einer* Stelle für h in den Term V(r,h) eingetragen zu werden.

Im anderen Fall hätte man die quadratische Gleichung $r^2 + hr - A/(2\pi) = 0$ nach r aufzulösen und dann den Term $-h/2 + \sqrt{h^2/4 + A/(2\pi)}$ an *zwei* Stellen für r in V(r,h) einzutragen.

Die Ableitung des dann entstehenden Terms $v^*(h)$ wäre wegen der auftretenden Wurzelterme auch kein reines Vergnügen. Also: überlegen Sie stets gründlich, nach welcher Variablen Sie die Nebenbedingung auflösen!

Im vorliegenden Beispiel ist es am günstigsten, folgendermaßen vorzugehen:

$V(r,h) = (\pi r h)\cdot r + (2/3)\pi r^3 \qquad 2(\pi r h) + 2\pi r^2 = A$

$\pi r h = A/2 - \pi r^2$

$v(r) = (A/2 - \pi r^2)\cdot r + (2/3)\pi r^3$

$v(r) = A/2\cdot r - \pi r^3 + (2/3)\pi r^3$

$v(r) = A/2\cdot r - (1/3)\pi r^3$

Die Definitionsmenge von v ergibt sich aus der Bedingung $r \geq 0 \wedge h \geq 0$. Man erhält:

$$r \geq 0 \wedge A/(2\pi r) - r \geq 0$$

$$\Longleftrightarrow r \geq 0 \wedge A/(2\pi) \geq r^2$$

$$\Longleftrightarrow r \geq 0 \wedge r \leq \sqrt{A/(2\pi)}$$

$$\Longleftrightarrow 0 \leq r \leq \sqrt{A/(2\pi)}$$

Also gilt $D_v = [0; \sqrt{A/(2\pi)}]$.

Wir lösen nun die Gleichung $v'(r) = 0$.

$v'(r) = A/2 - \pi r^2$

$$A/2 - \pi r^2 = 0$$

$$\Longleftrightarrow \frac{A}{2\pi} = r^2$$

$$\underset{(\text{in } D_v)}{\Longleftrightarrow} r = \sqrt{\frac{A}{2\pi}}$$

Die einzige Nullstelle von $v'(r)$ liegt am Rande des Definitionsintervalls. Die Funktion v hat somit im Definitionsintervall keine lokale Extremstelle.

Untersuchung der Randwerte:

$v(0) = 0$

$$v(\sqrt{A/(2\pi)}) = A/2\cdot\sqrt{A/(2\pi)} - \pi/3\cdot A/(2\pi)\cdot\sqrt{A/(2\pi)}$$

$$= A/3\cdot\sqrt{A/(2\pi)} > v(0)$$

Das absolute Maximum von $v(r)$ ist also der rechte Randwert $v(\sqrt{A/(2\pi)})$.

Aus der Gleichung $\pi r h = A/2 - \pi r^2$ erhält man den zu $\sqrt{A/(2\pi)}$ gehörenden Wert von h:

$$\pi\cdot\sqrt{A/(2\pi)}\cdot h = A/2 - \pi\cdot A/(2\pi)$$

$$\Longleftrightarrow \pi\cdot\sqrt{A/(2\pi)}\cdot h = 0$$

$$\Longleftrightarrow h = 0$$

Ergebnis: Der Kessel nimmt für $r = \sqrt{\frac{A}{2\pi}}$ und $h = 0$ das größte Volumen an. Wegen $h = 0$ ist dieser Kessel eine Halbkugel ohne Zylinderaufsatz.

II.8 Von der "trial-and error"-Methode ist ausdrücklich abzuraten !

Eine Schnur mit dem Längenmaß L cm soll in zwei Teilstücke zerschnitten werden; aus dem ersten Teilstück soll ein Quadrat, aus dem zweiten ein Kreis geformt werden. Die Summe der Flächenmaße von Kreis und Quadrat soll minimal ausfallen! Zerschneiden Sie richtig!
(Lösung in Anhang 1)

Lösungshinweise:

Der zu minimierende Term ist $A(r,x) = \pi r^2 + x^2$.

Mit Hilfe der Nebenbedingung $2\pi r + 4x = L$ können Sie x durch r ausdrücken, um den nur von r abhängigen Term a(r) zu erhalten.

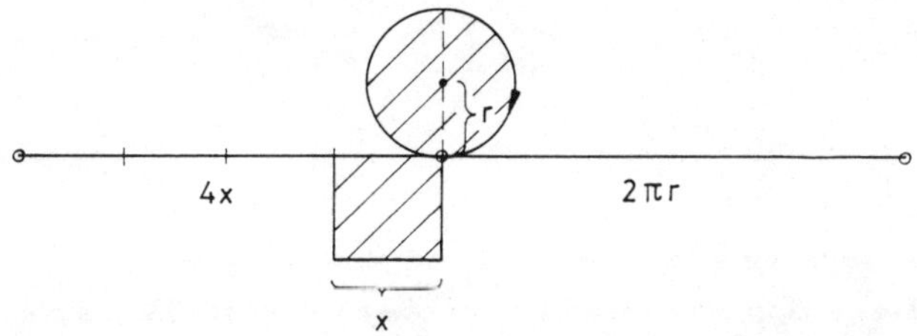

II.9 Für Redner: Es wird Blech gespart !

Eine Fabrik hat zylinderförmige (bedeckelte) Konservendosen mit dem Volumen V Liter (z.B. 1 Liter) herzustellen. Wie sind Radius- und Höhenmaß zu wählen, wenn die Oberfläche (und damit der Blechverbrauch) möglichst gering sein soll?
(Lösung im Anhang 1)

III. Pythagoras oder Strahlensatz

Die erforderlichen Nebenbedingungen erhält man in diesem Abschnitt durch Anwendung des Satzes von Pythagoras oder eines Strahlensatzes

III.1 Kennen Sie Pfetten?

In Meyers Lexikon steht's (p)fett-gedruckt:

Pfette (Dachpfette), parallel zum Dachfirst verlaufender Balken im Dachstuhl zur Unterstützung der Sparren.

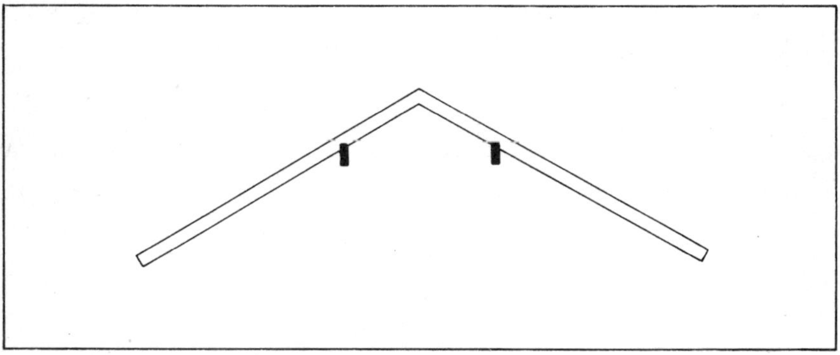

Wenn Sie sich eine solche Pfette einmal ansehen, werden Sie feststellen, daß sie deutlich höher als breit ist. Es ist Ihnen sicher schon klar: Die Tragfähigkeit eines solchen Balkens (also eines "langen Quaders") hängt "stärker" von der Höhe als von der Breite ab. Natürlich kommt es auch darauf an, aus welchem Holz der Balken "geschnitzt" ist. Man kann für die Tragfähigkeit ansetzen

$T(x,h) = c \cdot x \cdot h^2$,

wobei der Faktor c das Material berücksichtigt (vornehmer ausgedrückt: c ist ein materialabhängiger Proportionalitätsfaktor).

Sie sehen: Wenn man die Breite x verdoppelt, erhält man die doppelte Tragfähigkeit:

$T(\mathbf{2}x,h) = c\cdot(2x)\cdot h^2 = 2\cdot c\cdot x\cdot h^2 = \mathbf{2}\cdot T(x,h)$

Wenn man aber die Höhe h verdoppelt, erhält man die vierfache Tragfähigkeit:

$T(x,\mathbf{2}h) = c\cdot x\cdot(2h)^2 = c\cdot x\cdot 4\cdot h^2 = 4\cdot c\cdot x\cdot h^2 = \mathbf{4}\cdot T(x,h)$

Natürlich soll unser Balken maximale Tragfähigkeit besitzen! Wir wollen annehmen, daß er aus einem kreiszylindrischen Baumstamm gesägt wird. Dann haben wir das folgende

Problem:

Der die Tragfähigkeit eines Balkens mit rechteckigem Querschnitt bestimmende Term $T(x,h) = c\cdot x\cdot h^2$ soll maximal ausfallen; dabei soll das Querschnitts-Rechteck mit den Seitenmaßen x und h in einen Kreis vom Radius r "passen".

Bearbeitung von Aufgabe III.1

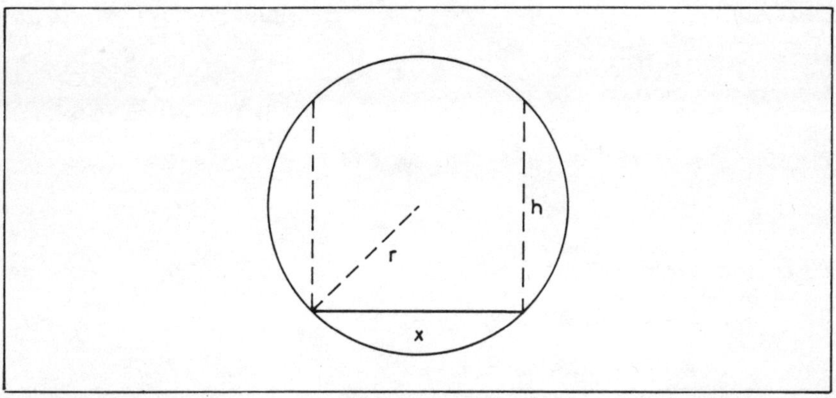

Trägt man die Breite (Maßzahl x) des Rechtecks in den Kreis vom Radius r ein, so liegt der Querschnitt des Balkens bereits fest. Für h bleibt keine Wahl. h muß sich also durch x und r ausdrücken lassen; dies ermöglicht der Satz des Pythagoras. Sie wissen ja noch:

In jedem rechtwinkligen Dreieck gilt $a^2 + b^2 = c^2$; dabei sind a und b die Kathetenlängen und c die Hypotenusenlänge.

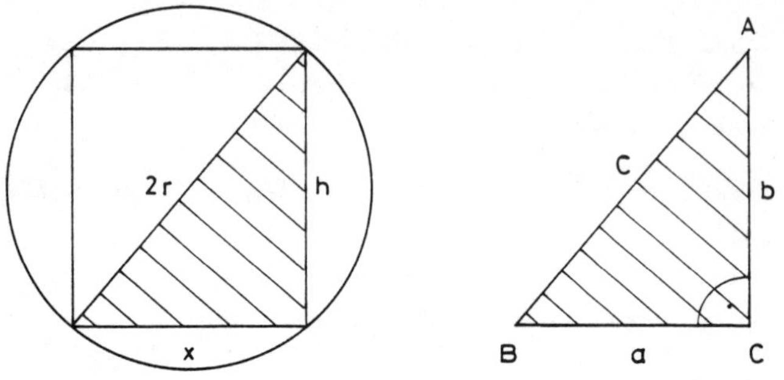

Nach dem Satz des Pythagoras müssen x und h somit die Bedingung $x^2 + h^2 = (2r)^2$ erfüllen.
Mit Hilfe dieser Nebenbedingung können wir (bei gegebenem r) h durch x ausdrücken. Wir erhalten

<u>Zielterm</u>	<u>Nebenbedingung</u>
$T(x,h) = c \cdot x \cdot \mathbf{h^2}$	$x^2 + h^2 = (2r)^2$
	$\mathbf{h^2 = 4r^2 - x^2}$

$$t(x) = c \cdot x \cdot (\mathbf{4r^2 - x^2}), \quad D_t = \{x \mid 0 \leq x \leq 2r\}$$
$$= c \cdot (4r^2x - x^3)$$
$$t'(x) = c \cdot (4r^2 - 3x^2)$$
$$c \cdot (4r^2 - 3x^2) = 0$$
$$\Longleftrightarrow \quad 4r^2 = 3x^2$$
$$\Longleftrightarrow \quad 2r/\sqrt{3} = x$$
$$t''(x) = c \cdot (-6x)$$
$$t''(2r/\sqrt{3}) < 0$$

Die Funktion t hat also an der Stelle $2r/\sqrt{3}$ ein lokales Maximum.
Dieses lokale Maximum ist zugleich das absolute; denn es gilt $t(0) = 0$, $t(2r) = 0$, $t(2r/\sqrt{3}) > 0$.

Anmerkung zur Nebenbedingung:
Wir haben die Nebenbedingung bewußt nach h^2 aufgelöst;

andernfalls hätten wir uns nämlich einen Wurzelterm eingehandelt:

$x = \sqrt{4r^2 - h^2}$.

Die weitere Behandlung des dann entstehenden Terms

$t^*(h) = c \cdot \sqrt{4r^2 - h^2} \cdot h^2$

wäre lästiger gewesen als die des Terms t(x). Geht man von $t^*(h)$ zu

$g(h) = (t^*(h))^2 = c^2 \cdot (4r^2 - h^2) \cdot h^4 = c^2 \cdot (4r^2h^4 - h^6)$

über und beachtet den Satz, daß g(h) an den gleichen Stellen wie $t^*(h)$ Extrema (und zwar gleicher Art) besitzt, so kommt man durch Untersuchung von g'(h) noch mit vertretbarem Aufwand zum Ziel. Aber urteilen Sie selbst! Der erste Weg ist trotzdem wesentlich einfacher!

Also nochmals: überlegen Sie sorgfältig, nach welcher Variablen Sie die Nebenbedingung auflösen!

Für den zu x_{max} gehörigen h-Wert h_{max} erhält man aus

$${h_{max}}^2 = 4r^2 - {x_{max}}^2$$

$$= 4r^2 - (4r^2/3) = 3 \cdot (4r^2/3) - 1 \cdot (4r^2/3)$$

$$= 2 \cdot (4r^2/3)$$

$h_{max} = \sqrt{2} \cdot (2r/\sqrt{3})$, also $h_{max} = \sqrt{2} \cdot x_{max}$

Zu einer Breite von 11 cm gehört somit eine Optimalhöhe von ca. 15,6 cm.

Nachtrag: Ich habe die Pfetten auf meinem Dachboden gemessen: Breite: 11 cm, Höhe: 25 cm!!?

Daraufhin habe ich mich bei meinem Zimmermann beschwert. Er hat mich aufgeklärt: Er habe keine normalen Pfetten "aus einem Stück", sondern sog. Leimpfetten verwendet. Diese bestünden aus mehreren aufeinandergeleimten Brettern.

Solche Pfetten "halten sich" natürlich nicht an unsere Nebenbedingung! Damit ist meine Welt wieder in Ordnung. Vor allem, weil ich jetzt endlich die hohe Zimmermann-Rechnung verstehe!

Oder bin am Ende doch ich der "Geleimte"?

III.2 Zylinder zwischen Strich und Platte

Einer Halbkugel mit dem Radius R werden stehende Zylinder einbeschrieben. Ist der Radius des Zylinders "sehr klein", erhält man einen "strichdünnen" Zylinder; mit wachsendem Radius nimmt auch das Volumenmaß zunächst zu; von einem gewissen Radiusmaß an nimmt das Volumenmaß wieder ab, weil der Zylinder "zu platt" wird. Bestimmen Sie Radius und Höhe des Zylinders mit dem größten Volumen.
(Lösung in Anhang 1)

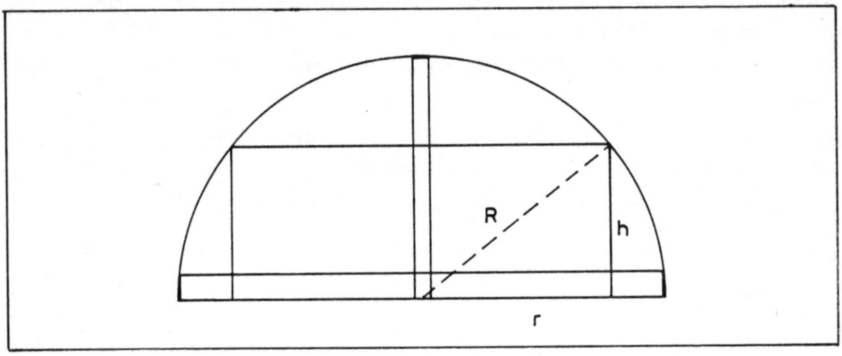

Lösungshinweise:
Das Volumenmaß eines Zylinders läßt sich berechnen, wenn man sein Radius- und Höhenmaß kennt. Es gilt

$V(r,h) = \pi \cdot r^2 \cdot h.$

Da jeder dieser Zylinder unter die Halbkugel "passen" soll, liegt h fest, wenn man r gewählt hat und umgekehrt.

Ist r vorgegeben, so ergibt sich h aus $h^2 = R^2 - r^2$.

Ist h vorgegeben, so ergibt sich r aus $r^2 = R^2 - h^2$.

Es ist günstiger, r^2 durch h auszudrücken, da man so ohne Wurzelterm auskommt (vgl. Anmerkungen unter III.1).
Man erhält

$v(h) = \pi \cdot (R^2 - h^2) \cdot h$

$v(h) = \pi \cdot (R^2 \cdot h - h^3)$

Das Weitere sollten Sie nun alleine schaffen!

III.3 Untersuchung der Umgefallenen

Einer Halbkugel mit dem Radius R werden liegende Zylinder einbeschrieben. Bestimmen Sie Radius und Höhe des Zylinders dieser Art mit dem größten Volumen.
(Lösung in Anhang 1)

Lösungshinweis:

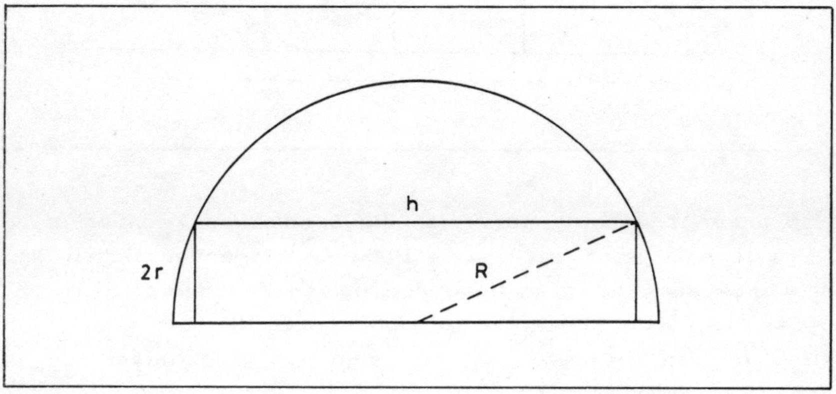

Der zu untersuchende Zielfunktionsterm lautet

$v(h) = (\pi/16)\cdot(4R^2h - h^3)$

III.4 Von Strahlen erleuchtet

So hell wie möglich wollte ich's in meinem Arbeitszimmer unterm Dach haben und ein (bis zum Boden reichendes) Atelierfenster sollte es sein! Das Problem, dessen Lösung mein Architekt lieber mir überließ, ist klar:

Welches von allen einem gleichschenkligen Dreieck (mit dem Grundlinienmaß s cm und dem Höhenmaß h cm) einbeschriebenen Rechtecken hat das größte Flächenmaß?

Bearbeitung von Aufgabe III.4

Für die Seitenmaßzahlen unseres Rechtecks führen wir die Variablen x und y ein. Damit erhalten wir für die zu maximierende Flächenmaßzahl

$A(x,y) = x\cdot y$

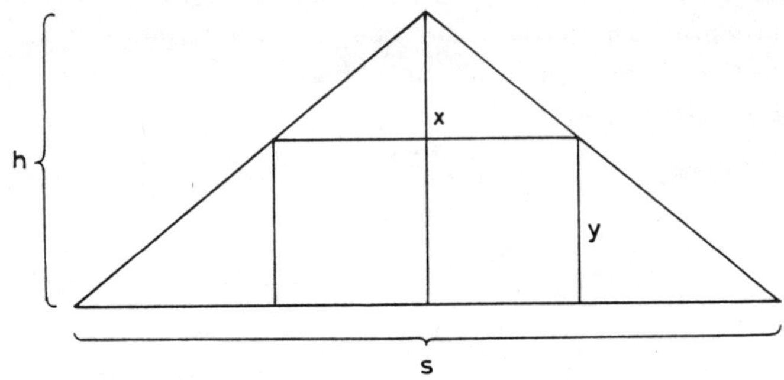

Man erkennt sofort: Wenn man die Breite des Rechtecks gewählt hat, liegt auch seine Höhe fest (verdeutlichen Sie sich dies sorgfältig an Hand der obigen Zeichnung!). Wir versuchen, eine Gleichung zu finden, aus der wir y als Funktion von x (oder x als Funktion von y) erhalten können.
Erinnern Sie sich noch an die Strahlensätze? Der zweite Strahlensatz hilft uns hier weiter!
(Eine andere Möglichkeit, eine Nebenbedingung zu erhalten, besprechen wir am Ende von Abschnitt IV.)
Vorsichtshalber erläutern wir noch einmal diesen hier weiterführenden Satz. Betrachten wir dazu die "Strahlensatzfigur"!

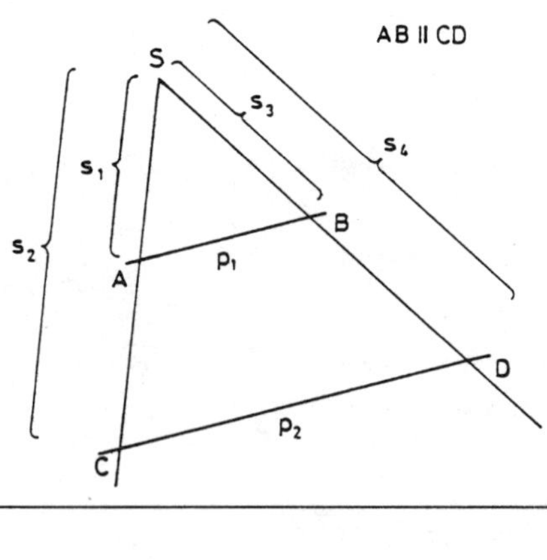

Es gelten z.B. die folgenden Gleichungen:

$s_1 : s_2 = s_3 : s_4$ (erster Strahlensatz)

$s_1 : s_2 = p_1 : p_2$ (zweiter Strahlensatz)

Wenden wir uns wieder der ersten Zeichnung zu und den zweiten Strahlensatz auf sie an! Wir müssen eine Gleichung aufzustellen versuchen, die unserem Ziel dient, nämlich y durch x (oder x durch y) auszudrücken!

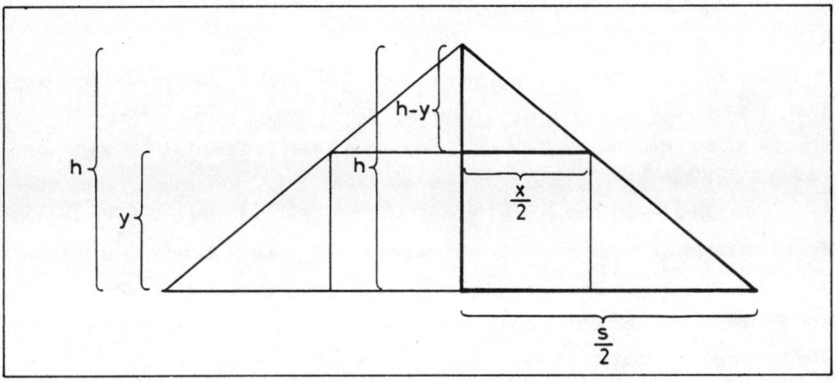

Wir erhalten $\frac{h-y}{h} = \frac{x/2}{s/2}$.

Durch Erweitern (mit 2) des Bruches auf der rechten Seite

folgt $\frac{h-y}{h} = \frac{x}{s}$.

Hieraus ergibt sich für x

$$x = \frac{s}{h} \cdot (h - y) = (s/h) \cdot (h - y)$$

Tragen wir diesen Term in den zu maximierenden Term $x \cdot y$ für x ein, so erhalten wir

$$a(y) = (s/h) \cdot (h - y) \cdot y \ , \quad D_a = \{y | 0 \leq y \leq h\}$$

Um die Anwendung der Produktregel zu umgehen, multiplizieren wir das Produkt $(h - y) \cdot y$ aus:

$$a(y) = (s/h) \cdot (hy - y^2)$$

$$a'(y) = (s/h) \cdot (h - 2y)$$

$$h - 2y = 0$$

$$h = 2y$$

$$y = h/2$$

$$a''(y) = (s/h)\cdot(-2) < 0$$

Der Term $a(y)$ hat also für $y = h/2$ ein lokales Maximum. Da die beiden Randwerte $a(0)$ und $a(h)$ gleich Null sind, ist das lokale Maximum auch das gesuchte absolute.
Wir berechnen noch den zu y_{max} gehörenden Wert x_{max}:

$$x_{max} = (s/h)\cdot(h - y_{max}) = (s/h)\cdot(h - h/2) = s/2$$

Die Höhe des gesuchten Fensters ist also gleich der halben Giebelhöhe und seine Breite gleich der halben Giebelbreite. Man hätte es sich denken können!

Alternative: Die Strahlensätze sind nicht jedermanns Sache. Es gibt noch einen anderen Weg, zur obigen Nebenbedingung zu kommen. Dazu führt man ein geeignetes Koordinatensystem ein, stellt die Gleichung der Geraden, die den rechten Dreiecksschenkel enthält, auf und drückt dann in einer Gleichung aus, daß ein Eckpunkt des Rechtecks (hier der "obere rechte") stets auf dieser Geraden liegt.
Am Ende von Abschnitt IV kommen wir auf diese Alternative zum Strahlensatz zurück.

III.5 Zylinder unterm Kegeldach

Einem geraden Kreiskegel werden gerade Kreiszylinder einbeschrieben. Bestimmen Sie Radius- und Höhenmaß des Zylinders mit maximalem Volumen!
(Lösung in Anhang 1)

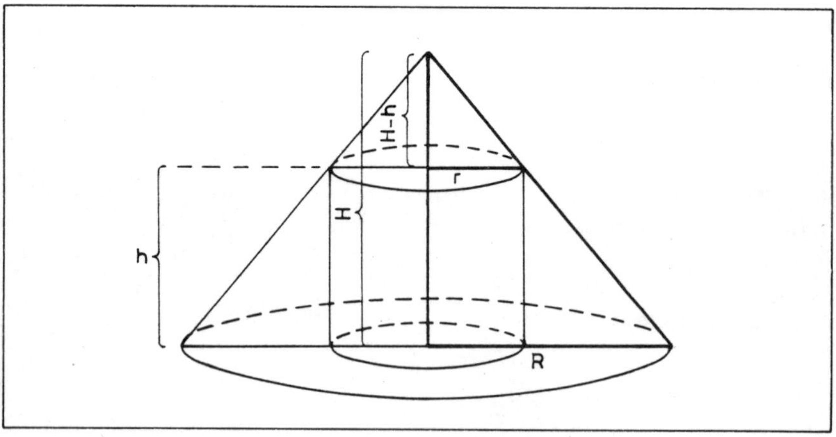

III.6 Pyramide mit Säulen?

Einer quadratischen Pyramide mit dem Grundseitenmaß s m und dem Höhenmaß h m werden quadratische Säulen (Quader mit quadratischer Grundfläche) einbeschrieben. Bestimmen Sie die Maße der Säule mit maximalem Volumen.
(Lösung in Anhang 1)

Lösungshinweis:
Orientieren Sie sich an der folgenden Zeichnung!

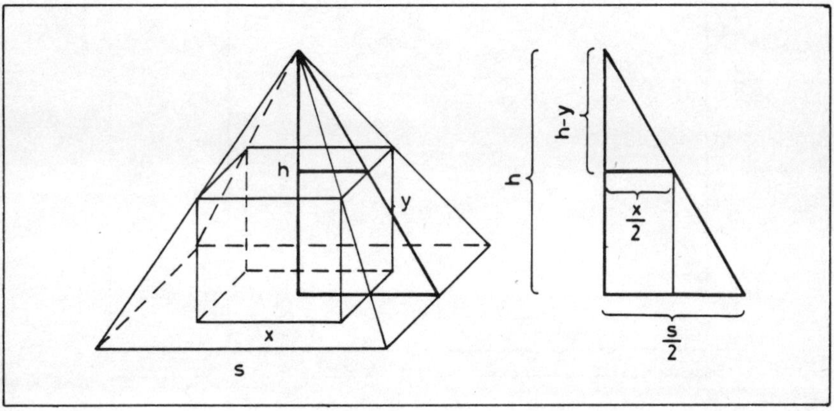

III.7 Dem Sperrmüll entrissen !

Von einer rechteckigen Glasplatte mit den Seitenmaßen 40 cm und 30 cm ist eine Ecke abgebrochen. Die Bruchkante darf als geradlinig vorausgesetzt werden. Das abgebrochene Dreieck hat die Seitenmaße u cm und v cm. (Ein Blick auf die Abbildung zeigt, wie's gemeint ist!).
Aus dem wertvollen Reststück soll eine möglichst große rechteckige Platte geschnitten werden. Durch welchen Punkt der Bruchlinie muß man die Schnitte legen?
Lösen Sie das Problem für
a) u = 15, v = 10
b) u = 8, v = 10

Bearbeitung von Aufgabe III.7

a) $u = 15$, $v = 10$

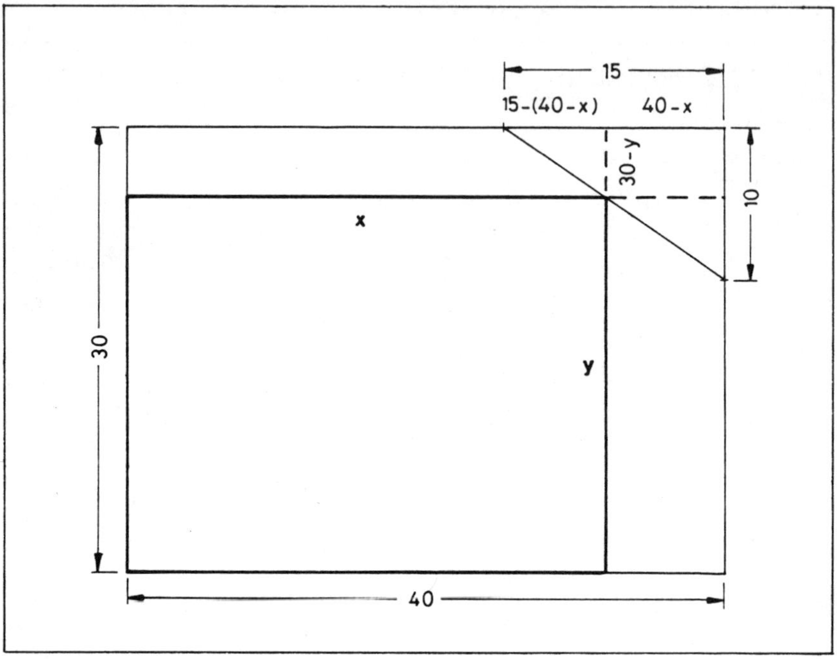

Das Flächenmaß des "geretteten" Rechtecks wird durch den Term $A(x,y) = x \cdot y$ dargestellt.

Es ist wieder sofort klar, daß y festliegt, wenn man x gewählt hat.

Die obere Ecke der Zeichnung läßt uns hoffen, daß uns die Anwendung des zweiten Strahlensatzes weiterbringt.

Man erhält

$$(15 - (40-x)) : 15 = (30 - y) : 10$$
$$(x - 25) : 15 = (30 - y) : 10$$
$$(2/3) \cdot (x - 25) = 30 - y$$
$$y = 30 - (2/3)x + 50/3$$
$$y = 140/3 - (2/3)x$$
$$y = (1/3) \cdot (140 - 2x)$$

Tragen wir diesen Term für y in den Flächenterm $A(x,y)$ ein, so erhalten wir

$$a(x) = x \cdot (1/3) \cdot (140 - 2x)$$

$a(x) = 1/3 \cdot (140x - 2x^2)$

Geschafft! Wir haben a als Funktion von nur *einer* Variablen, nämlich x dargestellt.

Wie ein Blick auf die Zeichnung lehrt, kann x nur Werte des Intervalls [25;40] annehmen, kurz: Es gilt

$D_a = \{x \mid 25 \le x \le 40\}$

Wir gehen nun vor wie gewohnt!

$a'(x) = 1/3 \cdot (140 - 4x)$

$$140 - 4x = 0$$
$$140 = 4x$$
$$35 = x$$

$a''(x) = -4/3, \quad a''(35) = -4/3$

Die Bedingung $a'(x) = 0$ liefert als einzig mögliche Extremstelle $x = 35$. Da $a''(35) = -4/3 < 0$, hat die Funktion a an dieser Stelle wirklich ein lokales Maximum.

b) $u = 8$, $v = 10$

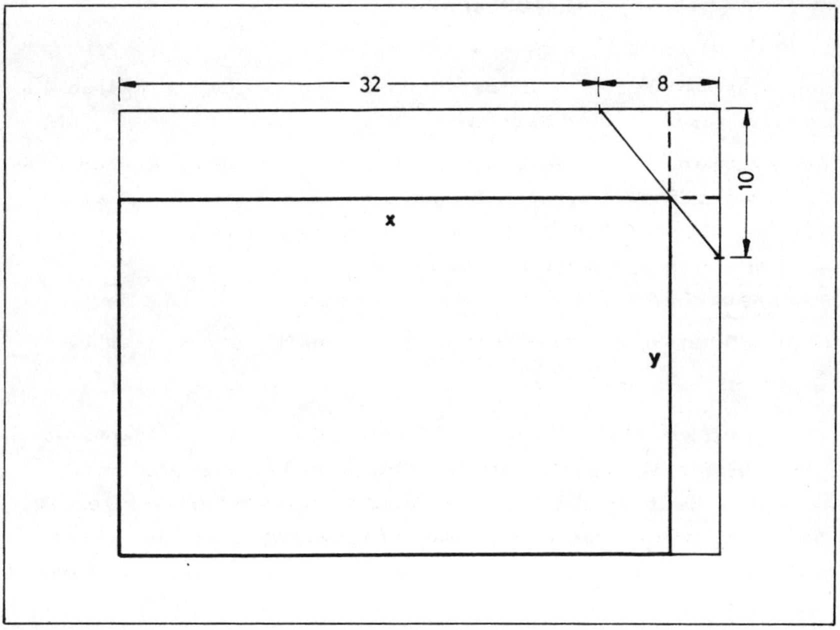

$A(x,y) = x \cdot y$

Nebenbedingung

$(8 - (40-x)) : 8 = (30 - y) : 10$

$(x - 32) : 8 = (30 - y) : 10$

$(5/4) \cdot (x - 32) = 30 - y$

$y = 30 - (5/4)x + 40$

$y = - (5/4)x + 70$

$a(x) = x \cdot (- (5/4)x + 70)$

$a(x) = - (5/4)x^2 + 70x$

$a'(x) = - (5/2)x + 70$

$- 5x + 140 = 0$

$140 = 5x$

$28 = x$

$a''(x) = -5/2, \ a''(28) < 0$

Die Funktion a hat an der Stelle 28 ihr Maximum.
Da Sie zu den kritischen und aufmerksamen Lesern gehören, werden Sie die letzte Behauptung nicht ohne Ergänzung hinnehmen. Sie haben längst gemerkt, daß der gefundene Wert 28 als Lösung unseres Problems nicht in Frage kommt. Sehen Sie sich einmal die Zeichnung an! x kann nur Werte des Intervalls [32;40] annehmen, kurz:

Es gilt $D_a = \{x \mid 32 \leq x \leq 40\}$.

Die Graphen von a(x) in den beiden betrachtenen Fällen 7a) und 7b) klären den Sachverhalt.

Im ersten Fall liegt die Stelle des lokalen Maximums im Definitions-Intervall. Die Randwerte der Funktion a sind kleiner als der lokale Maximalwert; das lokale Maximum ist zugleich das (gesuchte) absolute.
Die Restscheibe mit maximalem Flächenmaß hat die Seitenmaße 35 cm und $23\frac{1}{3}$ cm. Das maximale Flächenmaß beträgt $816\frac{2}{3}$ cm^2.

Im zweiten Fall liegt die Stelle des lokalen Maximums (28) außerhalb des Definitions-Intervalls; das absolute Maximum liegt in diesem Fall an der linken Randstelle 32. Die Restscheibe mit maximalem Flächenmaß hat die Seitenmaße 32 cm und 30 cm. Das maximale Flächenmaß beträgt 960 cm^2.

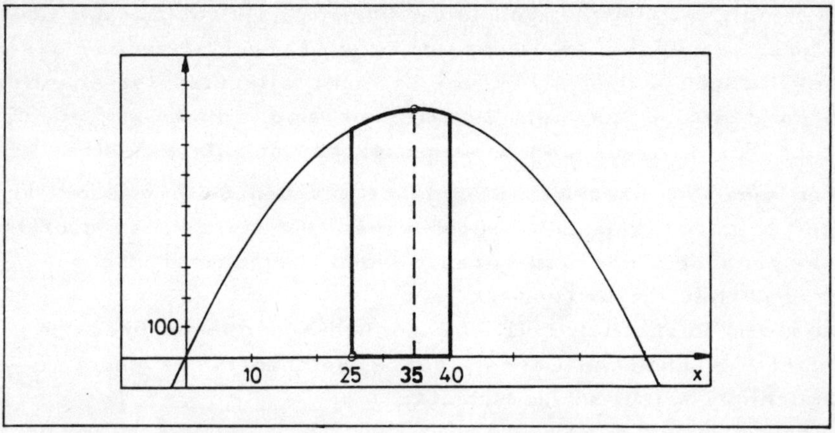

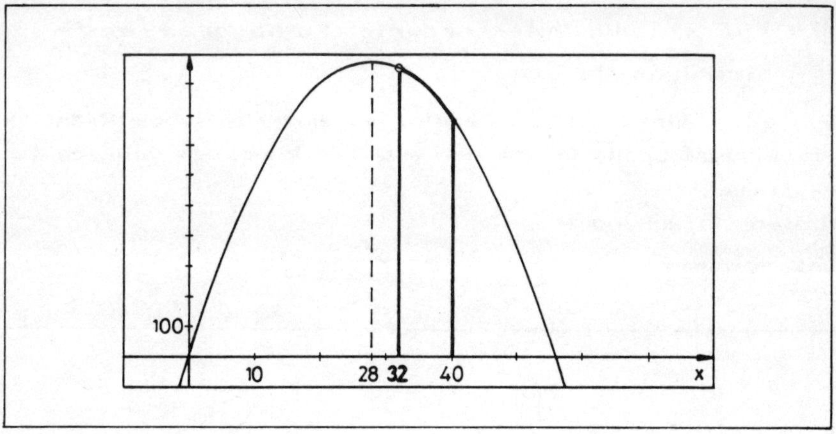

Anmerkung: Auch hier kann man zur Herleitung einer Nebenbedingung statt mit den Strahlensätzen mit einer Geradengleichung in geeignetem Koordinatensystem arbeiten. (vgl. Ende des Abschnitts IV)

III.8 Einer für alle und alle in einem

Von einer rechteckigen Glasplatte mit den Seitenmaßen . . .
Lösen Sie das Problem für

a) $u = 10$, $v = 10$,

b) $u = 15$, $v = 12$,

c) $u = \cdot\cdot$, $v = \cdot\cdot$

Sie wissen längst, was jetzt kommt! Solche Aufgaben, die

sich nur in einigen Daten unterscheiden, versucht man, "auf einmal" zu lösen. Das werden Sie jetzt nach unseren Vorbereitungen sicher schaffen! Da nicht alle Glasplatten unbedingt 40 cm lang und 30 cm breit sind, führen wir gleich auch für Längen- und Breitenmaßzahl Variable ein. Also:

Von einer rechteckigen Glasplatte mit den Seitenmaßen l cm und b cm ist eine Ecke abgebrochen. Die Bruchkante darf als geradlinig vorausgesetzt werden. Das abgebrochene Dreieck hat die Seitenmaße u cm und v cm.
Aus dem Reststück soll eine möglichst große rechteckige Platte geschnitten werden. Durch welchen Punkt der Bruchlinie muß man die Schnitte legen?
(Lösung in Anhang 1)

III.9 Für ständig Unterforderte: Pythagoras *und* Strahlensatz

Von allen geraden Kreis-Kegeln, die eine Kugel vom Radius R als Inkugel besitzen, ist der mit dem kleinsten Volumen zu bestimmen.
(Lösung in Anhang 1)

Lösungshinweis:

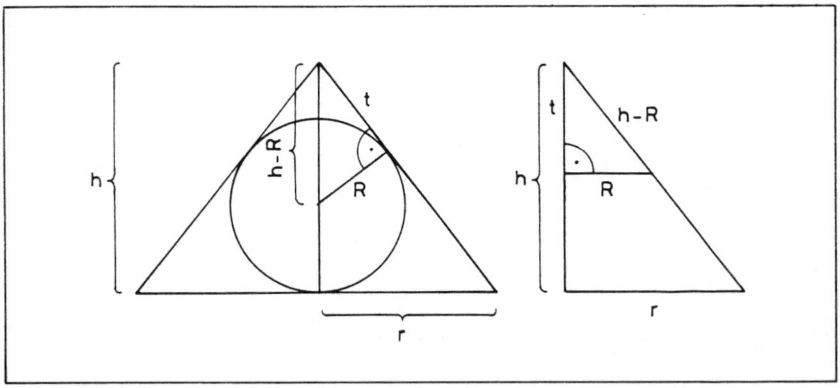

Der zu untersuchende Funktionsterm v(h) lautet:

$$v(h) = \frac{\pi R^2}{3} \cdot \frac{h^2}{h - 2R}$$

IV. Im Koordinatensystem

Die Nebenbedingungen sind durch Gleichungen von Funktionsgraphen im kartesischen Koordinatensystem gegeben

IV.1 Der kürzeste Weg nach (0;0)

Gegeben ist der Graph der Funktion f mit $f(x) = (x-3)^2$. Welcher Punkt des Graphen hat vom Nullpunkt des Koordinatensystems die kürzeste Entfernung?

Bearbeitung von IV.1

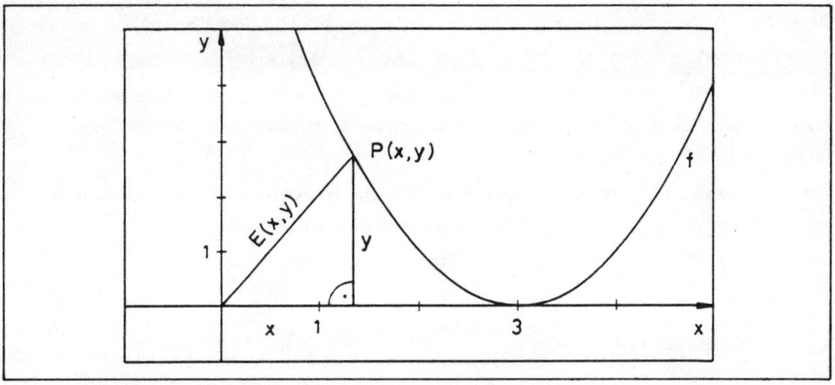

Für die Entfernung E(x,y) des Punktes P(x;y) vom Nullpunkt erhält man nach dem Satz des Pythagoras:

$E(x,y) = \sqrt{x^2 + y^2}$

Da der Punkt P(x;y) auf dem Graphen von f liegen soll, gilt für die Variablen x und y die Nebenbedingung

$y = (x - 3)^2$

Trägt man in E(x,y) für y den Term $(x - 3)^2$ ein, so erhält man die zu minimierende Entfernung als Funktion der einen Variablen x:

$e(x) = \sqrt{x^2 + (x - 3)^4}$, $D = \mathbb{R}$

Wegen $e(x) \geq 0$ für alle $x \in D$ hat die Funktion g mit $g(x) = e^2(x)$ an den gleichen Stellen wie e Extrema und zwar Extrema gleicher Art (Anhang 2, Satz 5).
Da g leichter zu differenzieren ist, machen wir von diesem Satz Gebrauch.

$g(x) = x^2 + (x - 3)^4$, $D = \mathbb{R}$

$g'(x) = 2x + 4(x - 3)^3 \cdot 1$

$$2x + 4(x - 3)^3 = 0$$

$$(x - 3)^3 + 0{,}5 \cdot x = 0$$

Diese Gleichung kann nur Lösungen im Intervall $]-\infty;3[$ haben, da der Term $(x - 3)^3 + 0{,}5 \cdot x$ für alle x mit $x \geq 3$ positiv ist. Die größte in Betracht kommende ganzzahlige Lösung, die auch auf Grund der Zeichnung naheliegt, ist 2.
Durch Einsetzen von 2 in den Term $g'(x)$ bestätigt man, daß 2 Nullstelle von g' ist: $(2 - 3)^3 + 0{,}5 \cdot 2 = 0$
Weitere Nullstellen von $g'(x)$ müssen die Gleichung $q(x) = 0$ erfüllen, wobei $q(x)$ der Ergebnisterm der Polynomdivision $g'(x) : (x - 2)$ ist.
Die etwas lästige Division läßt sich folgendermaßen umgehen (dabei verwenden wir die binomische Formel
$(a - b)^3 = a^3 - 3a^2b + 3ab^2 - b^3$):

$$\begin{aligned} & (x - 3)^3 + 0{,}5 \cdot x \\ = & ((x - 2) - 1)^3 + 0{,}5 \cdot x \\ = & (x - 2)^3 - 3(x - 2)^2 + 3(x - 2) - 1 + 0{,}5 \cdot x \\ = & (x - 2)^3 - 3(x - 2)^2 + 3(x - 2) + 0{,}5 \cdot (x - 2) \\ = & (x - 2) \cdot ((x - 2)^2 - 3(x - 2) + 3{,}5) \end{aligned}$$

Da die Diskriminante $(3/2)^2 - 3{,}5$ der quadratischen Gleichung $(x - 2)^2 - 3(x - 2) + 3{,}5 = 0$ negativ ist, hat diese Gleichung für $x - 2$ und damit auch für x keine reellen Lösungen.
2 ist also die einzige (reelle) Nullstelle von g'.

$g''(x) = 2 + 12(x - 3)^2$
$g''(2) = 2 + 12(2 - 3)^2 > 0$

g hat also an der Stelle 2 ein lokales Minimum. Wegen

$\lim_{x \to -\infty} g(x) = \lim_{x \to \infty} g(x) = \infty$ ist das lokale Minimum auch das gesuchte absolute.

Ergebnis: Der Punkt P(2;1) hat im Vergleich zu allen anderen Punkten der Kurve mit der Gleichung $y = (x - 3)^2$ die kürzeste Entfernung vom Nullpunkt. Ihre Maßzahl beträgt $\sqrt{5}$.

Das Ergebnis kann sehr einprägsam und verallgemeinerungsfähig (vgl. IV.3) interpretiert werden: Die Verbindungsstrekke $\overline{OP}$ steht senkrecht auf der Tangente der Kurve in P.
Begründung: Die Steigung der Verbindungsstrecke beträgt
$m_1 = \Delta y / \Delta x = 1/2$.
Die Steigung der Tangente beträgt
$m_2 = f'(2) = 2 \cdot (2 - 3) = - 2$.
Es ist also die Bedingung $m_1 \cdot m_2 = - 1$ erfüllt, die notwendig und hinreichend dafür ist, daß zwei Geraden mit den Steigungen m_1 und m_2 aufeinander senkrecht stehen.

IV.2 Ein neuer Graph, ein anderer Punkt, das gleiche Problem

Gegeben ist der Graph der Funktion f mit $f(x) = - x^2 + 3x$ über dem Intervall [0;3]. Welcher Punkt des Graphen hat vom Punkt $P_0(2;1)$ die kürzeste Entfernung?
(Lösung in Anhang 1)

Lösungshinweis:
Für die Entfernung E(x,y) des Punktes P(x;y) vom Punkt $P_0(x_0;y_0)$ erhält man nach dem Satz des Pythagoras:

$$E(x,y) = \sqrt{(x - x_0)^2 + (y - y_0)^2}$$

IV.3 Ein Flußlauf, ein Gasthaus und noch einmal das gleiche Problem

Ein müder Paddler sieht vom Fluß aus in der Ferne ein Gasthaus. An welcher Stelle des Flußlaufs muß er anlegen, um möglichst wenig zu Fuß laufen zu müssen?
(Lösung in Anhang 1)

Lösungshinweise:

Verlegen Sie die ("punktförmige") Theke des Gasthauses in den Nullpunkt des Koordinatensystems. Das dem Gasthaus zugewandte Ufer des Flußlaufs soll durch eine (zweimal differenzierbare) Funktion f beschreibbar sein. Setzen Sie bei dieser Funktion $f(x) > 0$ und $f''(x) > 0$ voraus.

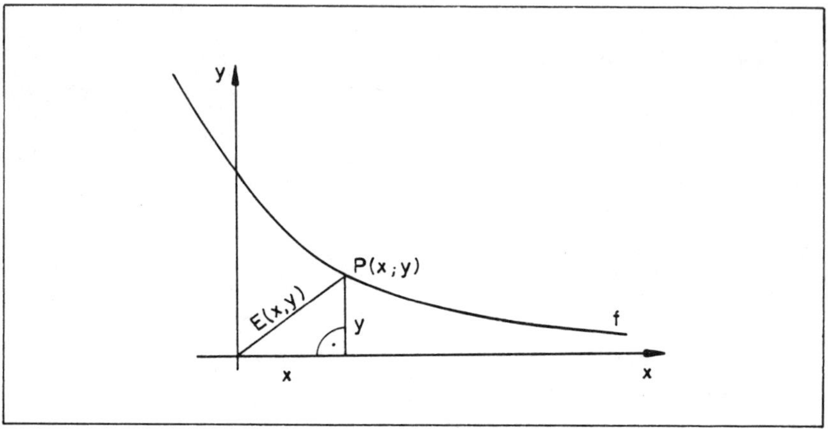

IV.4 Wir denken an's Abitur

In das Flächenstück zwischen den Graphen der Funktionen f und g mit $f(x) = (1/6) \cdot x^2$ und $g(x) = 6 - (1/3) \cdot x^2$ werden Rechtecke gezeichnet, deren Seiten parallel zu den Koordinatenachsen verlaufen. Bei welcher Wahl der Eckpunkt-Koordinaten erhält man das Rechteck mit dem größten Flächeninhalt?

Bearbeitung von IV.4

Der erste Graph ist eine nach oben geöffnete Parabel zweiten Grades mit dem Scheitelpunkt $S_1(0;0)$, der zweite eine nach unten geöffnete Parabel zweiten Grades mit dem Scheitelpunkt $S_2(0;6)$; die Schnittpunkte dieser Parabel mit der x-Achse sind $N_1(3\sqrt{2};\ 0)$ und $N_2(-3\sqrt{2};\ 0)$.

($6 - (1/3)x^2 = 0 \iff 18 = x^2 \iff x^2 = 3^2 \cdot 2$)

Die beiden Parabeln schneiden sich in

$Q_1(2\sqrt{3};\ 2)$ und $Q_2(-2\sqrt{3};\ 2)$.

$((1/6)x^2 = 6 - (1/3)x^2 \iff x^2 = 36 - 2x^2$

$\iff 3x^2 = 36 \iff x^2 = 12 \iff x^2 = 2^2 \cdot 3)$

Mit diesen Daten können wir nun eine das Problem veranschaulichende Zeichnung erstellen.

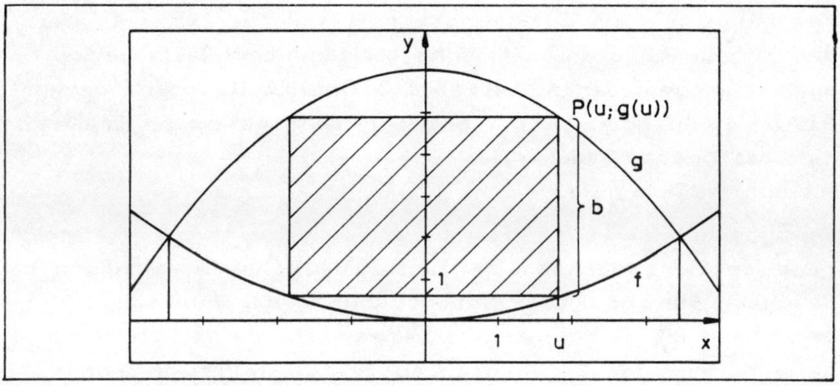

Für die Flächenmaßzahl A der zu untersuchenden Rechtecke erhalten wir

$A(u,b) = 2 \cdot u \cdot b$

Die Nebenbedingung lautet $b = g(u) - f(u)$.

Eintragen dieses Terms für b in $A(u,b)$ führt zu

$a(u) = 2 \cdot u \cdot (g(u) - f(u))$

$\quad = 2 \cdot u \cdot (6 - (1/3)u^2 - (1/6)u^2)$

$\quad = 2 \cdot u \cdot (6 - (1/2)u^2)$

$\quad = -u^3 + 12u$, $D_a = [0;\ 2\sqrt{3}\ ]$

$a'(u) = -3u^2 + 12$

$\quad -3u^2 + 12 = 0 \iff u^2 = 4 \iff u = 2$ (in D_a)

$a''(u) = -6u$

$a''(2) < 0$

Die Funktion a hat an der Stelle 2 ein lokales Maximum.

Vergleich mit den Randwerten:

$a(0) = 0,\ a(2\sqrt{3}\ ) = 4\sqrt{3} \cdot (6 - (1/2) \cdot 12) = 0,$

$a(2) = 4 \cdot (6 - 2) = 16$

Das lokale Maximum ist auch das absolute.

Ergebnis: Das Rechteck mit den Eckpunkten $P_1(2; 2/3)$, $P_2(2; 14/3)$, $P_3(-2; 14/3)$ und $P_4(-2; 2/3)$ hat von allen den beiden Parabeln einbeschriebenen Rechtecken das größte Flächenmaß.

IV.5 Dreiecke in einer Kurve

Der Kurve mit der Gleichung $y = (1/4)\cdot x^4 - 2x^2 + 4$ werden zur y-Achse symmetrische gleichschenklige Dreiecke einbeschrieben, deren Spitze im Nullpunkt liegt und deren Basismaßzahl höchstens 4 beträgt. Welches dieser Dreiecke hat das größte Flächenmaß?
(Lösung in Anhang 1)

Lösungshinweise:
Fertigen Sie zunächst eine veranschaulichende Zeichnung an.
Beachten Sie zur "Kurz-Untersuchung" der Funktion:
Der Graph ist zur y-Achse symmetrisch, da im Funktionsterm nur gerade Exponenten auftreten. H(0;4) ist Hochpunkt des Funktionsgraphen.
Die Gleichungskette
$(1/4)\cdot x^4 - 2x^2 + 4 = (1/4)\cdot(x^4 - 8x^2 + 16)$
$= (1/4)\cdot(x^2 - 4)^2 = (1/4)\cdot(x + 2)^2\cdot(x - 2)^2$,
führt zu dem Ergebnis: -2 und 2 sind "doppelte" Nullstellen der Funktion und damit auch Extremstellen.
Diese Angaben reichen, um den Funktionsgraphen skizzieren zu können.
Zur Lösung der Extremwertaufgabe sollten Sie den Funktionsterm in der Form $f(x) = (1/4)\cdot(x^2 - 4)^2$ schreiben und bei der Bildung der benötigten Ableitung Produkt- und Kettenregel einsetzen.

IV.6 Zweite gegen dritte Dimension

Gegeben ist die Funktion f mit $f(x) = \dfrac{1}{1 + x^2}$ über $[-3;3]$.

a) Von allen (zur y-Achse symmetrischen) gleichschenkligen Dreiecken, deren Spitze im Nullpunkt liegt und deren Basis durch den (zur y-Achse symmetrischen) Graphen von f begrenzt wird, ist das mit dem größten Flächenmaß zu bestimmen.

b) Die unter a) beschriebenen Dreiecke erzeugen bei Rotation um die y-Achse Kegel. Bestimmen Sie den Kegel mit dem größten Volumenmaß. Vergleichen Sie das Ergebnis mit dem der Aufgabe 6a).

(Lösung in Anhang 1)

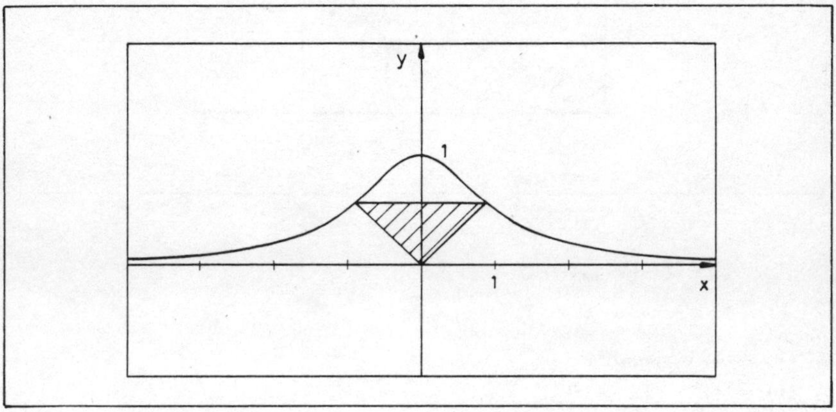

IV.7 Ein Beispiel zur Integralrechnung

Gegeben ist der Graph der Funktion f mit $f(x) = x^3$ über dem Intervall [0;2]. Durch den Punkt $P(t;t^3)$ $(0 \le t \le 2)$ wird eine Parallele zur x-Achse gezeichnet. Diese schließt mit dem Graphen von f und den Senkrechten zur x-Achse in den Randstellen des Intervalls [0;2] zwei Flächenstücke mit den Maßzahlen A_1 und A_2 ein (dabei gilt $A_1=0$ für $t=0$ und $A_2=0$ für $t=2$). Bestimmen Sie die absoluten Extrema der Gesamtflächenmaßzahl $A_1 + A_2$.

Bearbeitung von IV.7

$$A(t) = t \cdot t^3 - \int_0^t x^3 dx + \int_t^2 x^3 dx - (2 - t) \cdot t^3$$

$$A(t) = t^4 - (1/4) \cdot t^4 + (1/4) \cdot (2^4) - (1/4) \cdot t^4 - 2t^3 + t^4$$

$$= 1{,}5t^4 - 2t^3 + 4 \text{ , } D_A = [0;2]$$

$$A'(t) = 6t^3 - 6t^2$$

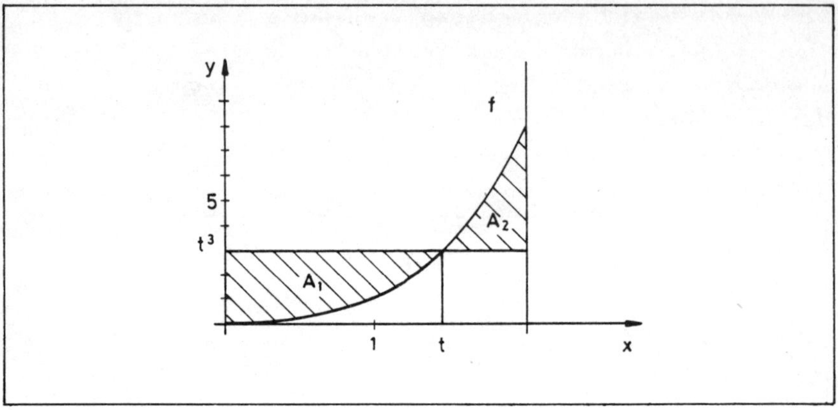

$6t^2 \cdot (t - 1) = 0$

$t = 0 \quad \vee \; t = 1$

$A''(t) = 18t^2 - 12t$

$A''(1) = 18 - 12 > 0$

Die Funktion A hat also an der Stelle 1 ein lokales Minimum.

Vergleich mit den Randwerten:

$A(0) = 4$, $A(1) = 3{,}5$, $A(2) = 12$

A(1) ist also der absolut kleinste und A(2) der absolut größte Wert der Funktion A(t) im Intervall $[0;2]$.

Ergebnis: Die Parallele durch $P_1(1;1)$ führt zur kleinsten und die Parallele durch $P_2(2;8)$ zur größten Summe der Flächenmaßzahlen A_1 und A_2.

IV.8 Funktionen in Scharen

Durch die Terme $f_t(x) = t - x^2/t$ und $g_t(x) = t^3 - tx^2$ $(t \in]0;1])$ werden zwei Funktionenscharen beschrieben. Für welchen Wert von t ist die von den entsprechenden Funktionsgraphen eingeschlossene Fläche am größten?

(Lösung in Anhang 1. Dort zeigen wir Ihnen auch zur Veranschaulichung des Problems eine Bildfolge, bei der Sie A(t) für verschiedene t-Werte (mit $t \to 1$) ver-"folgen" können. Ihre Aufgabe ist dann, das "richtige" Zwischenbild zu finden.)

IV.9 Graphen im Rotary Club

Durch den Term $f_t(x) = t/(t+2)^2 \cdot x \cdot (x-2)$ $(t > 0)$ ist eine Funktionenschar gegeben. Die von dem Graphen einer solchen Funktion und der x-Achse berandete Fläche rotiere um die x-Achse. Für welchen Wert von t ist das Volumen des Rotationskörpers maximal?
(Lösung in Anhang 1)

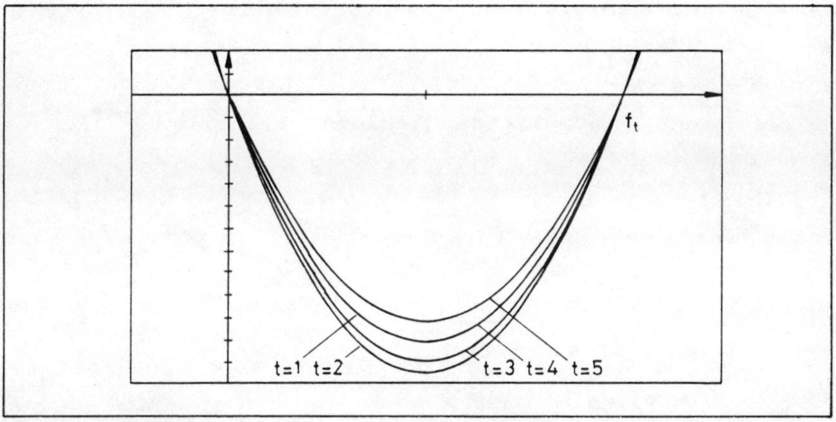

Eine Alternative zur Anwendung der Strahlensätze:

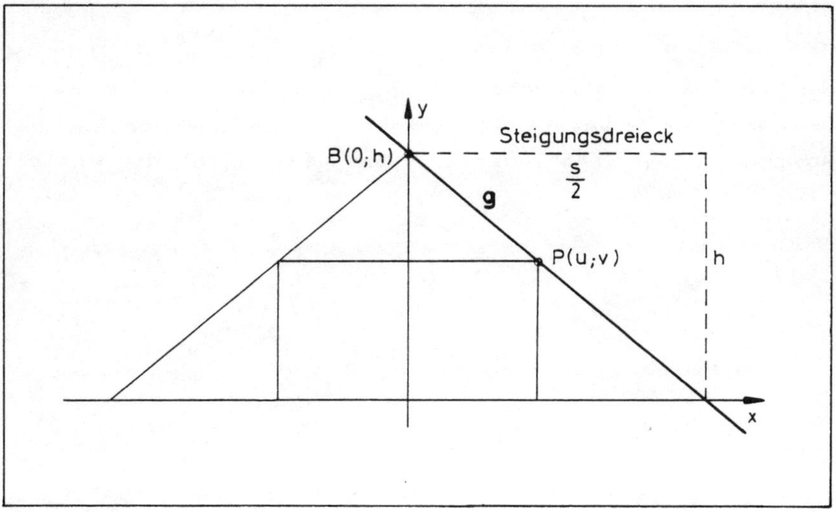

Wir haben bei den Lösungen der Aufgaben 4, 7 und 8 des vorigen Abschnitts zur Aufstellung einer Nebenbedingung die Strahlensätze herangezogen. Man kann auch zu einer Nebenbedingung kommen, wenn man ähnlich wie bei den Aufgaben dieses Abschnitts verfährt. Wir erläutern dies am Beispiel der Aufgabe III.4.

Die Steigung der eingezeichneten Geraden beträgt $\frac{-h}{s/2}$

oder $-2\cdot(h/s)$. Die Gerade schneidet die y-Achse in $B(0;h)$.

Damit erhält man als Gleichung der Geraden

$$y = m\cdot x + b$$

$$y = -2\cdot(h/s)\cdot x + h$$

Da der Punkt $P(u;v)$ auf der Geraden liegt, gilt

$$\mathbf{v} = -2\cdot(h/s)\cdot u + h$$

$$= \mathbf{(h/s)\cdot(s - 2u)}$$

Trägt man diesen Term für v in

$$A(u,\mathbf{v}) = 2\cdot u\cdot\mathbf{v}$$

ein, so erhält man

$$a(u) = 2\cdot u\cdot\mathbf{(h/s)\cdot(s - 2u)}$$

$$= 2\cdot(h/s)\cdot(s\cdot u - 2u^2)$$

$$a'(u) = 2\cdot(h/s)\cdot(s - 4u)$$

$$2\cdot(h/s)\cdot(s - 4u) = 0$$

$$s - 4u = 0$$

$$2u = s/2$$

$$v = (h/s)\cdot(s - s/2) = h/2$$

Hier können wir abbrechen.

Vielleicht ist Ihnen dieses Verfahren sympathischer als die Anwendung der Strahlensätze!? Sie wären nicht der erste!

V. Der letzte Schliff

Vermischte Aufgaben

In diesem Abschnitt müssen Sie auch den Aufgabentyp selbst herausfinden. Die Lösungen aller Aufgaben dieses Abschnitts finden Sie im Anhang 1!

V.1

Einer Kugel werden Zylinder einbeschrieben. Welcher von diesen Zylindern hat das größte Volumen?

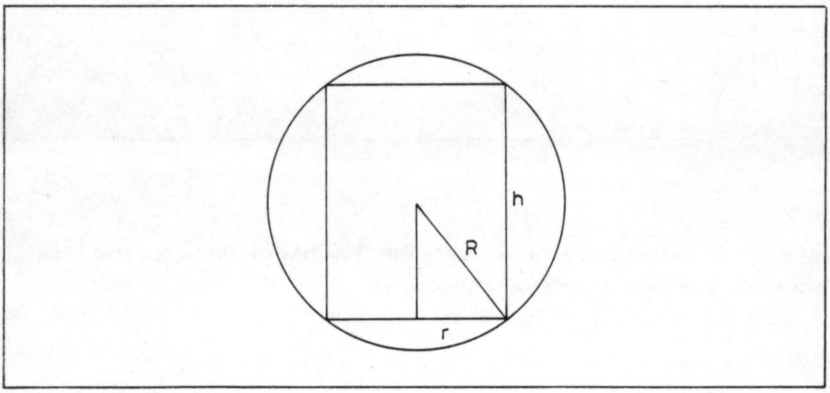

V.2

Einer Halbkugel werden gerade Kreiskegel mit der Spitze im Kugelmittelpunkt einbeschrieben. Welcher dieser Kegel hat das größte Volumen?

V.3

Stellen Sie sich lauter Rechtecke mit gleichgroßer Fläche vor! Welches von diesen Rechtecken hat den kleinsten Umfang?

U.4

Aus vier gleichen Brettern mit dem Breitenmaß b cm soll eine Rinne mit möglichst großem Fassungsvermögen gebildet werden. Die beiden äußeren Bretter sollen senkrecht stehen. Bestimmen Sie das Maß φ des Winkels zwischen den beiden inneren Brettern und den Abstand der beiden äußeren.

(Ergebnis: $\varphi \approx 137^\circ$)

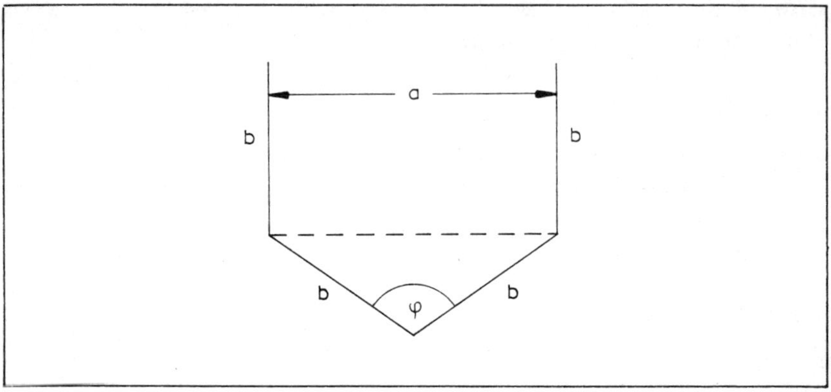

U.5

Einem vorgegebenen Kreis ist ein Rechteck mit möglichst großem Umfang einzubeschreiben.

U.6

Fa. Maul&Wurf erhält den Auftrag, in einem Bergwerk einen Stollen von A nach B zu führen. B liegt 120 m in der Horizontalen von A entfernt und 60 m tiefer als A. Die Arbeit pro m "in die Tiefe" kostet doppelt soviel wie die Arbeit pro m in der Horizontalen. Bei welcher Wahl des Abzweigungspunktes (Z) fallen die Baukosten minimal aus?

U.7

Welcher Punkt der Kurve mit der Gleichung $y = \sqrt{1 + x^2}$ hat vom Punkt P(1;0) die kürzeste Entfernung?

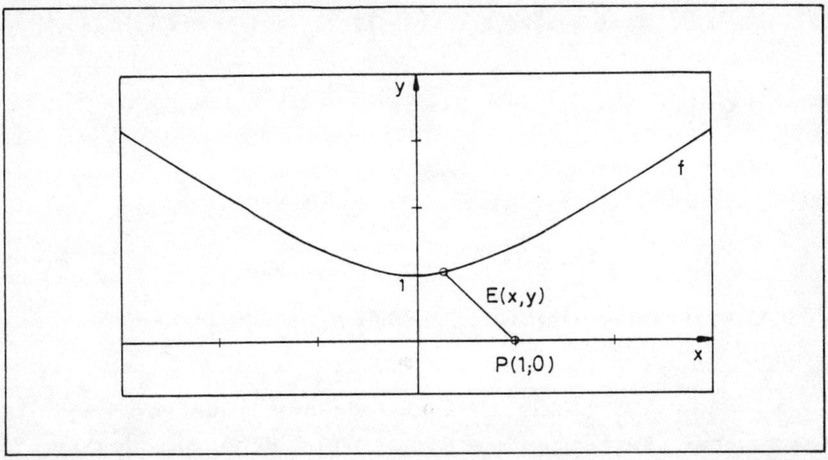

U.8

Einem geraden Kreiskegel werden gerade Kreiszylinder einbeschrieben. Welche Abmessungen hat der Zylinder mit maximaler Mantelfläche?

U.9

In das Flächenstück zwischen den Parabeln mit den Gleichungen

$y = 1 - x^2$ bzw. $y = 5x^2 - 8$

werden Rechtecke, deren Seiten parallel zu den Koordinatenachsen verlaufen, gezeichnet. Welches dieser Rechtecke hat den größten Flächeninhalt?

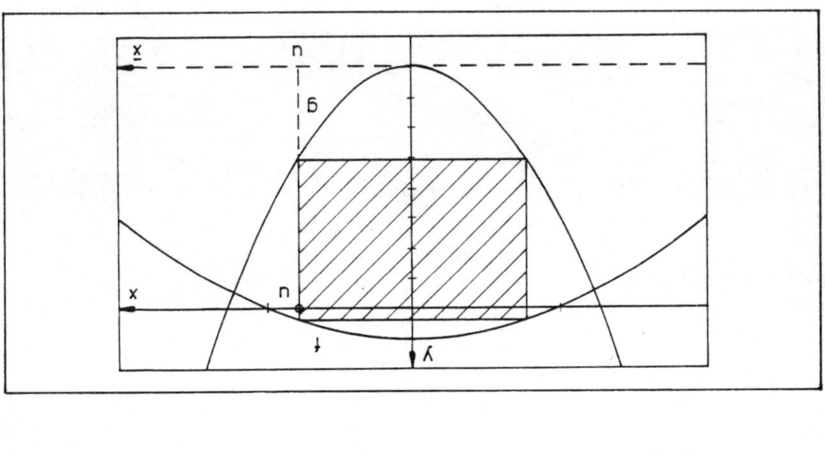

VI. Wir simulieren den Ernstfall

Schriftliche übung und Klausur (mit Lösungen)

VI.1 Schriftliche übung (Bearbeitungszeit: etwa 35')

Einer Kugel vom Radius R werden gerade Kreis-Kegel einbeschrieben. Bestimmen Sie Radius- und Höhenmaß des Kegels mit dem größten Volumen.

Anleitung:

Zielfunktion ist v mit $v(h) = (1/3)\pi \cdot (2Rh^2 - h^3)$

Lösung

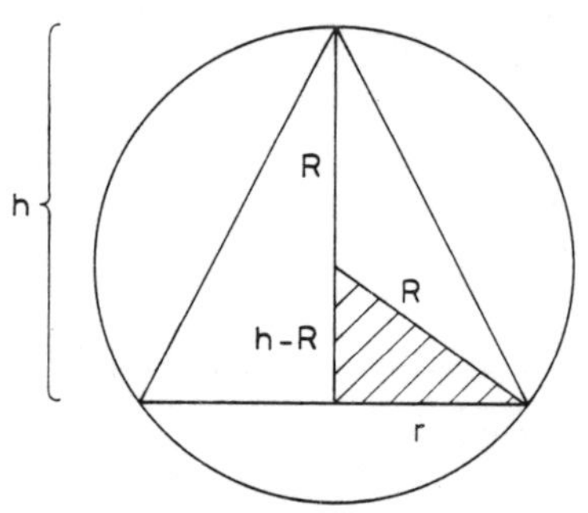

Volumenmaßzahl als Funktion von r und h:

$V(r,h) = (1/3)\pi \cdot r^2 \cdot h$

Nebenbedingung (nach Satz des Pythagoras):

$r^2 + (h - R)^2 = R^2$

$r^2 + h^2 - 2hR + R^2 = R^2$

$$r^2 = 2Rh - h^2$$

Wir tragen den Term **2Rh** − $\mathbf{h^2}$ für $\mathbf{r^2}$ in den Term V(**r**,h) ein und erhalten:

$v(h) = (1/3)\pi \cdot (\mathbf{2Rh} - \mathbf{h^2}) \cdot h$

$v(h) = (1/3)\pi \cdot (2Rh^2 - h^3),\ D_v = \{h \mid 0 \le h \le 2R\}$

$v'(h) = (1/3)\pi \cdot (4Rh - 3h^2)$

$$4Rh - 3h^2 = 0$$

$$h \cdot (4R - 3h) = 0$$

$$h = 0 \lor 4R - 3h = 0$$

$$h = 0 \lor h = \frac{4}{3} R$$

$v''(h) = (1/3)\pi \cdot (4R - 6h)$

$v''(4/3 \cdot R) = (1/3)\pi \cdot (4R - 8R) < 0$

Die Funktion v hat also an der Stelle (4/3)R ein lokales Maximum.

Vergleich mit den Randwerten:

$v(0) = 0$

$v(2R) = 0$

$v(4/3 \cdot R) > 0$

Das lokale Maximum ist auch das absolute.

Aus $r^2 = h \cdot (2R - h)$ und $h = (4/3) \cdot R$ erhält man

$r^2 = (4/3) \cdot R \cdot (2R - (4/3) \cdot R) = (4/3) \cdot R \cdot (2/3) \cdot R = (4/9) \cdot R^2 \cdot 2$

$r = (2/3) \cdot R \cdot \sqrt{2}$

Ergebnis: Radius und Höhe des Kegels mit maximalem Volumen haben die Maßzahlen $(2/3) \cdot R \cdot \sqrt{2}$ bzw. $(4/3) \cdot R$.

---

1. Die Funktion f mit $f(x) = x\cdot(x-2)^2$ sei im Intervall $[0;3]$ definiert.

a) Führen Sie eine Funktionsuntersuchung durch und zeichnen Sie den Graphen von f.

b) Bestimmen Sie die absoluten Extrema von f. Erläutern Sie in diesem Zusammenhang die Begriffe "lokales Extremum" und "absolutes (globales) Extremum".

---

2. Geben Sie eine über dem Intervall $[0;3]$ definierte ganz-rationale Funktion 3-ten Grades (Graph und Term) an, die an der Stelle 1 ihr absolutes Maximum 3 und an den Stellen 0 und 3 ihr absolutes Minimum 0 annimmt.

---

3. Ein "romanisches" Fenster, das die Form eines Rechtecks mit aufgesetztem Halbkreis hat, soll bei einem Gesamtumfangsmaß von 4 m möglichst viel Licht durchlassen, d.h. maximales Flächenmaß besitzen. Bestimmen Sie Breiten- und Gesamthöhenmaß des Fensters.

Lösungen

1a) *Nullstellen*

$$x\cdot(x-2)^2 = 0 \iff x = 0 \vee x = 2$$

f hat die Nullstellen 0 und 2.
(Da 2 "doppelte" Nullstelle ist, ist 2 auch Extremstelle von f.)

Extremstellen

$$f'(x) = 1\cdot(x-2)^2 + x\cdot 2\cdot(x-2) = (x-2)\cdot(x-2+2x)$$

$$= (x-2)\cdot(3x-2) = 3x^2 - 8x + 4$$

$$(x-2)\cdot(3x-2) = 0$$

$$\iff x - 2 = 0 \vee 3x - 2 = 0$$

$$\iff x = 2 \vee x = 2/3$$

$$f''(x) = 6x - 8$$

$f''(2) = 4 > 0$

$f''(2/3) = -4 < 0$

f hat somit an der Stelle 2 ein lokales Minimum und an der Stelle 2/3 ein lokales Maximum.

Wendestelle

$f''(x) = 0$

$6x - 8 = 0 \iff x = 4/3$

$f'''(x) = 6$

$f'''(4/3) > 0$

Der Graph von f hat bei 4/3 einen Rechts-Links-Wendepunkt.

Graph von f

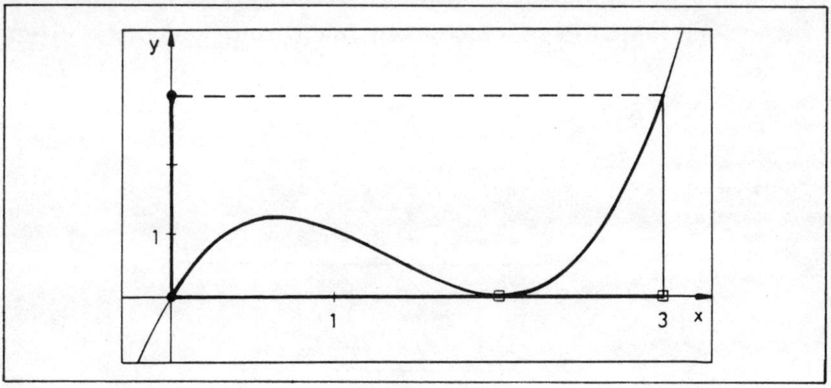

b) Die absoluten Extrema von f können nur an den Randstellen des Definitionsintervalls [0;3] oder an den in [0;3] liegenden lokalen Extremstellen angenommen werden. Wir vergleichen daher f(0), f(2/3), f(2) und f(3).

$f(0) = 0$

$f(2/3) = 2/3 \cdot 16/9 = 32/27$

$f(2) = 0$

$f(3) = 3$

Ergebnis: Das absolute Minimum von f ist 0; es wird an der linken Intervall-Randstelle 0 und an der inneren Stelle 2 angenommen. Das absolute Maximum von f ist 3; es wird an der rechten Intervall-Randstelle 3 angenommen.

An der Stelle 2/3 hat f ein *lokales* Maximum, d.h. in einer gewissen Umgebung von 2/3 gibt es keine größeren Werte als f(2/3). Der *absolute* Maximalwert f(3) dagegen ist der größte Wert im gesamten Intervall.

---

2. Der gesuchte Term ist von der Form

$g(x) = ax^3 + bx^2 + cx + d$ mit $a,b,c,d \in \mathbb{R}$.

Der zugehörige Ableitungsterm ist

$g'(x) = 3ax^2 + 2bx + c$.

Dem Text entnimmt man die folgenden Bedingungen

$g(1) = 3,\ g'(1) = 0,\ g(0) = 0,\ g(3) = 0$

(Da die Extremstelle 1 im *Innern* von [0;3] liegt, gilt $g'(1) = 0$; beachten Sie, daß Sie *nicht* $g'(0) = 0$ oder $g'(3) = 0$ voraussetzen können, da 0 und 3 *Rand*stellen sind.)

Wir erhalten

$$\begin{array}{ll} g(0) = 0 & d = 0 \\ g(1) = 3 & a + b + c + d = 3 \\ g'(1) = 0 & 3a + 2b + c = 0 \\ g(3) = 0 & 27a + 9b + 3c + d = 0 \end{array}$$

$$\begin{array}{ll} d = 0 & a + b + c = 3 \\ & 3a + 2b + c = 0 \\ & 9a + 3b + c = 0 \end{array}$$

$$\begin{array}{ll} d = 0 & a + b + c = 3 \\ & 2a + b = -3 \\ & 6a + b = 0 \end{array}$$

$$\begin{array}{ll} d = 0 & a + b + c = 3 \\ & 4a = 3 \\ & 6a + b = 0 \end{array}$$

$a = 3/4 \ \wedge\ b = -\ 9/2 \ \wedge\ c = 27/4 \ \wedge\ d = 0$

Hiermit erhält man den Funktionsterm

$g(x) = (3/4)\cdot x^3 - (9/2)\cdot x^2 + (27/4)\cdot x$ oder

$g(x) = (3/4)\cdot x\cdot(x^2 - 6x + 9) = (3/4)\cdot x\cdot(x - 3)^2$

Die Funktion g mit $g(x) = (3/4)\cdot x\cdot(x - 3)^2$ erfüllt die gestellten Bedingungen.

Begründung:

(1) Es gilt $f(x) \geq 0$ in $[0;3]$, da beide Randwerte 0 sind und eine lokale Minimumstelle in $[0;3]$ nicht auftritt.

(2) Es gilt $f(x) \leq 3$ in $[0;3]$, da beide Randwerte 0 sind und somit das (einzige) lokale Maximum 3 auch das absolute ist.

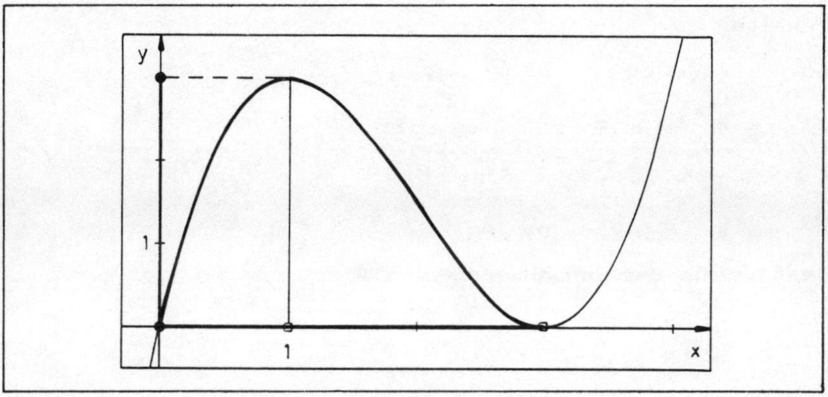

3.

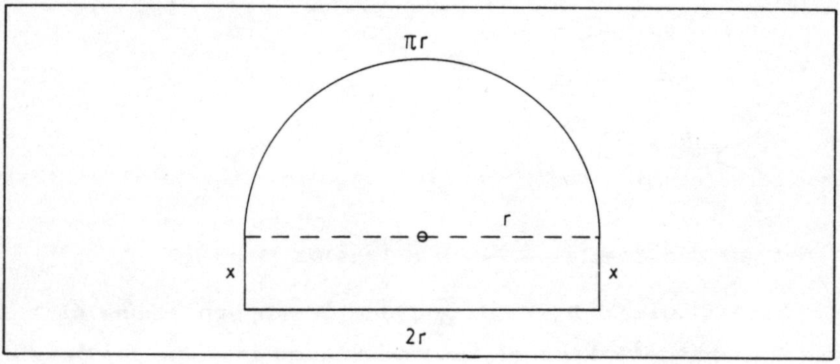

Die Flächenmaßzahl des Fensters erhält man durch

$A(r,x) = (2r) \cdot x + (1/2) \cdot \pi \cdot r^2$

$\quad = r \cdot (\mathbf{2x}) + (\pi/2) \cdot r^2$

und die Umfangsmaßzahl durch

$U(r,x) = 2r + 2x + \pi \cdot r.$

Da das Umfangsmaß für alle Fenster 4 m betragen soll, muß die folgende Nebenbedingung eingehalten werden:

$2r + 2x + \pi \cdot r = 4$

$\iff \mathbf{2x = 4-(\pi+2)\cdot r}$

Wir tragen für **2x** den Term $\mathbf{4-(\pi+2)\cdot r}$ in $A(r,x)$ ein und erhalten

$$a(r) = r\cdot(\mathbf{4-(\pi+2)\cdot r}) + (\pi/2)\cdot r^2$$

$$= 4r - (\pi+2)\cdot r^2 + (\pi/2)\cdot r^2$$

$$= 4r - (\pi + 2 - \pi/2)\cdot r^2$$

$$= 4r - (\pi/2 + 2)\cdot r^2$$

Bestimmung der Definitionsmenge D_a:

$r \geq 0 \quad \wedge \quad x \geq 0$

$r \geq 0 \quad \wedge \quad 4 - (\pi+2)\cdot r \geq 0$

$r \geq 0 \quad \wedge \quad 4 \geq (\pi+2)\cdot r$

D_a ist also durch die folgende Ungleichung gegeben:

$$0 \leq r \leq \frac{4}{\pi + 2}$$

$$a'(r) = 4 - (\pi + 4)\cdot r$$

$$4 - (\pi + 4)\cdot r = 0$$

$$r = \frac{4}{\pi + 4}$$

$$a''(r) = -(\pi + 4)$$

$$a''\left(\frac{4}{\pi + 4}\right) < 0$$

a hat an der Stelle $\frac{4}{\pi + 4}$ ein lokales Maximum.

Da diese Stelle in D_a liegt und der Graph von a eine nach unten geöffnete Parabel zweiten Grades ist, ist das lokale auch das absolute Maximum der Funktion.

Wir berechnen den zu $\frac{4}{\pi + 4}$ gehörenden Wert von x:

$2x = 4 - (\pi + 2)\cdot r$

$$2x = 4 - (\pi + 2)\cdot\frac{4}{\pi + 4}$$

$$x = 2 - (\pi + 2)\cdot\frac{2}{\pi + 4}$$

$$x = \frac{2\pi + 8 - 2\pi - 4}{\pi + 4}$$

$$x = \frac{4}{\pi + 4}$$

Bei maximalem Flächenmaß sind also Rechteckshöhe und Halbkreisradius gleichlang.

Ergebnis: Das Fenster mit der größten Gesamtfläche zeichnet sich dadurch aus, daß seine Breite und seine Gesamthöhe gleichgroß sind.

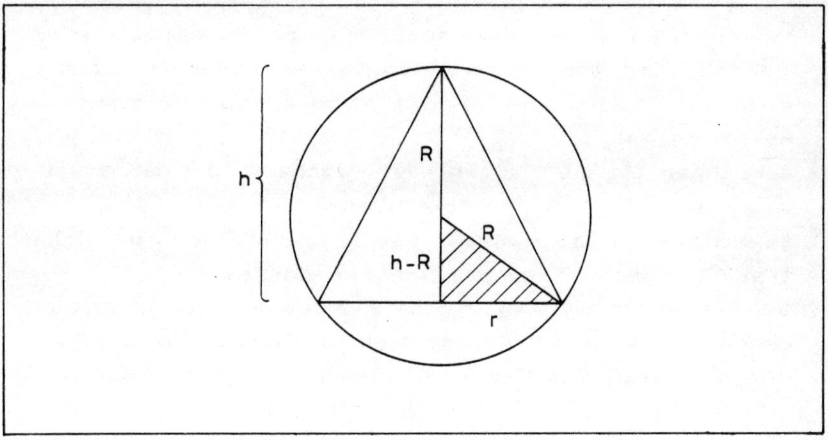

VII. Die Generalprobe

Abituraufgaben mit Extremwertproblemen

A. Schriftliche Prüfung

VII.1 (mit ausführlicher Bearbeitung)

Gegeben ist die Funktion f mit $f(x) = (4 - x)\cdot\sqrt{x}$.

a) Führen Sie eine vollständige Funktionsuntersuchung durch und zeichnen Sie den Graphen von f.

b) Der Graph von f für $x > 4$ wird abgeschnitten; er ist durch eine Parabel zweiten Grades zu ersetzen, sodaß die den gesamten Kurvenverlauf beschreibende Funktion g an der "Nahtstelle" eine stetige erste und zweite Ableitung hat.

c) Berechnen Sie die Maßzahl der Fläche F, die der Graph von f und die x-Achse einschließen.

d) Berechnen Sie die Maßzahl des Körpers K, der bei Rotation der Fläche F um die x-Achse entsteht.

e) Dem Körper K werden gerade Kreiskegel einbeschrieben, deren Spitze im Nullpunkt liegt. Bestimmen Sie Radius- und Höhenmaß des Kegels mit maximalem Volumen.

Bearbeitung von Aufgabe VII.1

a) Funktionsuntersuchung

a_1) Bestimmung der Definitionsmenge von f

Der Term 4-x ist für alle $x \in \mathbb{R}$ definiert, der Term $\sqrt{x}$ genau für $x \geq 0$. Folglich ist $D_f = [0;\infty[$.

a_2) Berechnung der Nullstellen von f

$$(4 - x)\cdot\sqrt{x} = 0$$

$$\iff \quad 4 - x = 0 \quad \vee \quad \sqrt{x} = 0$$

$$\iff \quad x = 4 \quad \vee \quad x = 0$$

Die Nullstellen von f sind also $x_1=0$ und $x_2=4$.

a_3) Wir bilden die im folgenden benötigten Ableitungen f' und f'' von f.

$$f(x) = 4\cdot x^{1/2} - x^{3/2}$$

$$f'(x) = 2\cdot x^{-1/2} - 3/2\cdot x^{1/2} = \frac{2}{\sqrt{x}} - \frac{3}{2}\cdot\sqrt{x}$$

$$f''(x) = -x^{-3/2} - 3/4\cdot x^{-1/2} = -\left(\frac{1}{x\sqrt{x}} + \frac{3}{4\sqrt{x}}\right)$$

a_4) Extremstellen

$$\frac{2}{\sqrt{x}} - \frac{3}{2}\cdot\sqrt{x} = 0$$

$$4 - 3x = 0$$

$$x = 4/3$$

$f''(4/3) < 0$ (da $f''(x) < 0$ für alle $x > 0$)

f hat somit an der Stelle 4/3 ein (lokales) Maximum.

a_5) Wendestellen

Da $f''(x)$ für alle $x > 0$ negativ ist, gibt es in der gesamten Definitionsmenge von f keine Nullstelle von f'' und somit auch keine Wendestelle.

a_6)

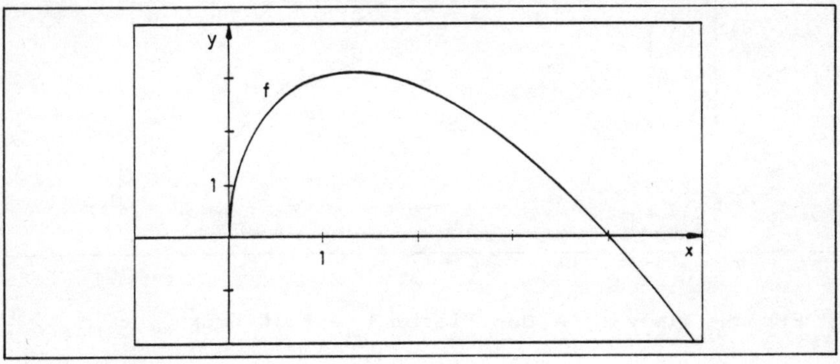

b) Der gesuchte Funktionsterm p(x) ist von der Form

$$p(x) = ax^2 + bx + c$$

Die benötigten Ableitungsterme sind

$p'(x) = 2ax + b$ und $p''(x) = 2a$.

Dem Text entnimmt man die folgenden Bedingungen:

$p(4) = f(4) = 0$

$p'(4) = f'(4) = 2/\sqrt{4} - 1{,}5 \cdot \sqrt{4} = 1 - 3 = -2$

$p''(4) = f''(4) = -(1/(4 \cdot 2) + 3/(4 \cdot 2)) = -1/2$

Damit erhält man für die Variablen a, b und c das folgende Gleichungssystem:

$$\begin{aligned} 16a + 4b + c &= 0 \\ 8a + b &= -2 \\ 2a &= -0{,}5 \end{aligned}$$

Aus der letzten Gleichung erhält man $a = -0{,}25$.
Damit folgt aus der zweiten Gleichung

$b = -2 - 8 \cdot (-0{,}25) \iff b = 0$

und nun aus der ersten Gleichung

$c = -16 \cdot (-0{,}25) \iff c = 4$

Der gesuchte Funktionsterm ist also

$p(x) = -0{,}25 \cdot x^2 + 4.$

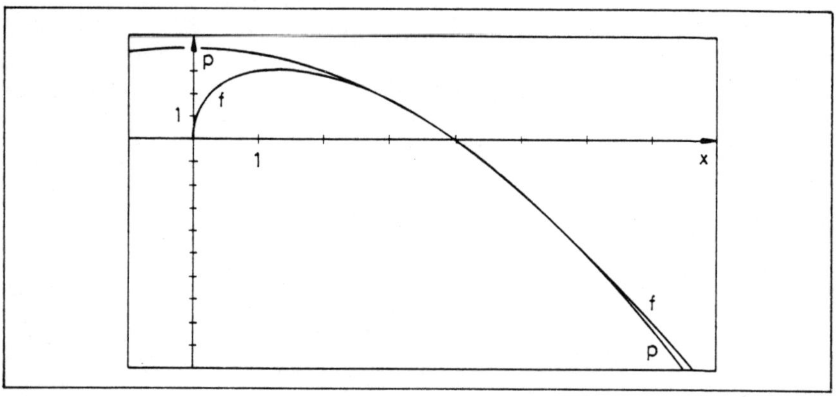

c) Für die Maßzahl A der Fläche F erhält man

$$A = \int_0^4 f(x)dx = \int_0^4 (4x^{1/2} - x^{3/2})dx$$

$$= \left[4 \cdot \frac{x^{3/2}}{3/2} - \frac{x^{5/2}}{5/2}\right]_0^4 = \left[\frac{8}{3} \cdot x \cdot \sqrt{x} - \frac{2}{5} \cdot x^2 \cdot \sqrt{x}\right]_0^4$$

$= (8/3) \cdot 4 \cdot 2 - (2/5) \cdot 16 \cdot 2 = 64/3 - 64/5$

$= 64 \cdot (5/15 - 3/15) = 64 \cdot (2/15) = 128/15$

Die gesuchte Flächenmaßzahl beträgt 128/15 (≈ 8,53).

d) Berechnung des Rotationskörpervolumens

$$V = \int_0^4 q(x)\,dx = \pi \cdot \int_0^4 f^2(x)\,dx = \pi \cdot \int_0^4 (4-x)^2 \cdot x\,dx$$

$$= \pi \cdot \int_0^4 (4-x)^2 \cdot x\,dx = \pi \cdot \int_0^4 (16x - 8x^2 + x^3)\,dx$$

$$= \pi \cdot \left[8x^2 - 8/3 \cdot x^3 + 1/4 \cdot x^4\right]_0^4$$

$$= \pi \cdot (2 \cdot 64 - 8/3 \cdot 64 + 64) = \pi \cdot 64 \cdot (2 - 8/3 + 1)$$

$$= 64/3 \cdot \pi$$

Die gesuchte Volumenmaßzahl beträgt $64/3 \cdot \pi$ (≈ 67,02).

e)

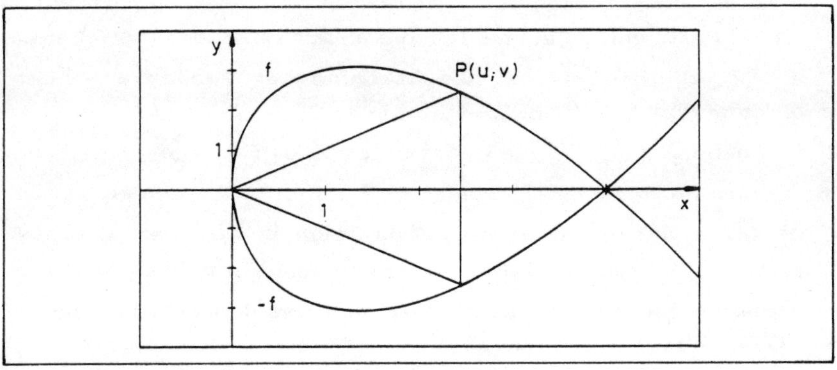

Für das Volumenmaß M(u,v) des Kegels erhält man

$M(u,v) = 1/3 \cdot \pi \cdot v^2 \cdot u = \pi/3 \cdot v^2 \cdot u$

Da der Punkt P(u;v) auf dem Graphen von f liegen soll, ist die Nebenbedingung

$v = f(u)$, also $v^2 = (4 - u)^2 \cdot u$ einzuhalten.

Damit folgt

$m(u) = \pi/3 \cdot (4 - u)^2 \cdot u \cdot u$

$\quad = \pi/3 \cdot ((4 - u) \cdot u)^2 = \pi/3 \cdot (4u - u^2)^2$

$m'(u) = (\pi/3)\cdot 2\cdot(4u - u^2)\cdot(4 - 2u)$

$$(\pi/3)\cdot 2\cdot(4u - u^2)\cdot(4 - 2u) = 0$$

$$\iff (4 - u)\cdot u\cdot(4 - 2u) = 0$$

$$\iff u = 4 \lor u = 0 \lor u = 2$$

$$m''(u) = \pi/3\cdot 2\cdot(\ (4 - 2u)\cdot(4 - 2u) + (4u - u^2)\cdot(-2)\ )$$

$$m''(2) = \pi/3\cdot 2\cdot(\ 0 + (4\cdot 2 - 2^2)\cdot(-2)\ )$$

$$= \pi/3\cdot 2\cdot(-8) < 0$$

m(u) hat somit an der Stelle 2 ein lokales Maximum.
Vergleich mit den Randwerten:

$m(0) = 0$, $m(4) = 0$, $m(2) = \pi/3\cdot(4 - 2)^2\cdot 2^2 = 16\cdot\pi/3$

Das lokale Maximum ist auch das gesuchte absolute.

VII.2 (Lösung im Anhang 1.VII)

a) Wanted!

Gesucht ist eine ganz-rationale Funktion f zweiten Grades mit dem folgenden "Steckbrief":

Der Graph von f schneidet die x-Achse in den Punkten $P_1(-2; 0)$ und $P_2(4; 0)$. Die Steigung der Tangente an den Graphen im Punkt P_2 beträgt -2.

[Ergebnis: $f(x) = (-1/3)\cdot(x^2 - 2x - 8)$]

b) Verbindet man einen zwischen P_1 und P_2 liegenden Punkt P des Graphen mit seiner Projektion P' auf der x-Achse und mit P_1, so entsteht ein rechtwinkliges Dreieck. Bestimmen Sie den Punkt P, für den das Dreieck mit maximalem Flächenmaß entsteht.

c) Bestimmen Sie die Stammfunktion F von f, deren Graph durch den Punkt Q(1;0) verläuft.

d) Begründen Sie: Die Lage der Extremstellen und der Wendestelle von F kann aus dem obigen Text ohne weitere Rechnung erschlossen werden.

e) Berechnen Sie die Nullstellen der Funktion F und zeichnen Sie ihren Graphen.

f) Wie wirkt sich eine Verzerrung des Graphen von f in Richtung der y-Achse (also der Übergang von f zu $k\cdot f$) auf den Graphen von F aus?

VII.3 (Lösung im Anhang 1.VII)

Gegeben ist die Funktion f mit $f(x) = x \cdot e^{1-x}$, $x \in \mathbb{R}$.

a) Beweisen Sie durch vollständige Induktion

$$f^{(n)}(x) = (-1)^{(n+1)} \cdot (n-x) \cdot e^{1-x}, \ (n \in \mathbb{N})$$

Erläutern Sie das Beweisverfahren!

b) Diskutieren Sie die Funktion f. Untersuchen Sie auch das Verhalten von f für $|x| \to \infty$. Zeichnen Sie den Graphen von f über dem Intervall [0;5].

c) Bestimmen Sie die Gleichung der Wendetangente t_w und tragen Sie t_w in Ihre Zeichnung ein.

d) Betrachten Sie die Menge aller dem Graphen von f einbeschriebenen gleichschenkligen Dreiecke, deren Basis von den Punkten O(0;0) und Q(2t;0) ($t > 0$) begrenzt wird. Bestimmen Sie Basislänge und Höhe *des* Dreiecks aus dieser Menge, das das (absolut) größte Flächenmaß hat.

e) Berechnen Sie das Maß der Fläche, die der Graph von f und die x-Achse über dem Intervall [0;c] ($c > 0$) einschließen. Berechnen Sie den Grenzwert dieses Maßterms für $c \to \infty$.

B. Mündliche Prüfung

VII.4 (mit ausführlicher Bearbeitung)

a) Welche Punkte des Graphen von f mit $f(x) = \frac{2}{x^2}$ haben die kürzeste Entfernung vom Nullpunkt?
[Ergebnis: $P_1(\sqrt{2};\ 1)$ und $P_2(-\sqrt{2};\ 1)$]

b) Zeigen Sie, daß die Tangente an den Graphen in P_1 und die Verbindungsgerade OP_1 senkrecht aufeinander stehen.

c) Der Graph von f ist im Intervall $[-\sqrt{2};\sqrt{2}\,]$ durch eine Parabel 2-ten Grades so zu ersetzen, daß eine "glatte" Gesamtkurve entsteht (Die zugehörige Funktion sei g).

d) Bestimmen Sie a so, daß die Funktion ϱ mit $\varrho(x) = a \cdot g(x)$ als Wahrscheinlichkeitsdichtefunktion geeignet ist.

Mögliche Fragen für das an den Vortrag der Lösung anschließende Prüfungsgespräch:

(1) Erläutern Sie die Bedeutung der Gaußschen Funktionen φ und Φ für die Binomialverteilung.

(2) Die Zufallsgröße X sei binomialverteilt. Berechnen Sie für $n = 1000$ und $p = 0{,}2$ näherungsweise die Wahrscheinlichkeit $P(190 \leq X \leq 210)$

(3) Erläutern Sie die Gleichung $\Phi(-x) = 1 - \Phi(x)$ an Hand der Graphen der Funktionen φ und Φ .

Bearbeitung von Aufgabe VII.4

a) $D(x,y) = \sqrt{x^2 + y^2}$

Nebenbedingung: $y = 2/x^2$

$d(x) \quad = \sqrt{x^2 + 4/x^4}$

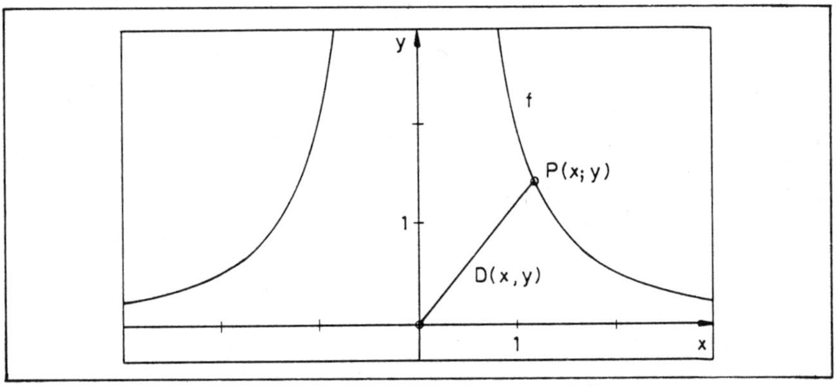

Wegen $d(x) > 0$ kann man statt der Funktion d die Funktion $q = d^2$ untersuchen.

$q(x) = x^2 + 4 \cdot x^{-4}$

$q'(x) = 2x + 4 \cdot (-4) \cdot x^{-5}$

$q'(x) = 2x - 16/x^5$

$$2x - 16/x^5 = 0 \iff 2x = 16/x^5$$

$$\iff x^6 = 8 \iff x^2 = 2$$

$\iff \quad x = \sqrt{2} \lor x = -\sqrt{2}$

$q''(x) = 2 + 80/x^6 > 0$ für *alle* $x \in \mathbb{R} \setminus \{0\}$

$q(x)$ (und damit $d(x)$) hat an den beiden Stellen $-\sqrt{2}$ und $\sqrt{2}$ jeweils ein lokales Minimum; es beträgt für die Funktion d jeweils $\sqrt{3}$.

Da $d(x) \to \infty$ für $x \to 0$, $x \to -\infty$ und $x \to \infty$, ist $\sqrt{3}$ auch das absolute Minimum von d.

Die gesuchten Punkte sind $P_1(\sqrt{2}; 1)$ und $P_2(-\sqrt{2}; 1)$.

b) Steigung der Tangente in $P_1(\sqrt{2}; 1)$:

$f'(x) = -4/x^3 = -4 \cdot x/x^4,$

$m_t = f'(\sqrt{2}) = -4 \cdot \sqrt{2}/4 = -\sqrt{2}$

Steigung der Verbindungsgeraden:

$m_v = f(\sqrt{2})/\sqrt{2} = 1/\sqrt{2}$

Wegen $m_t \cdot m_v = -1$ ist die Behauptung bewiesen.

c) Ansatz: $p(x) = \alpha x^2 + \beta$, $p'(x) = 2\alpha x$

Bedingungen:

$p(\sqrt{2}) = 1$	$2\alpha + \beta = 1$	$2\alpha + \beta = 1$
$p'(\sqrt{2}) = -\sqrt{2}$	$2\alpha \cdot \sqrt{2} = -\sqrt{2}$	$2\alpha = -1$
		$\alpha = -0{,}5$
		$\beta = 2$

Der gesuchte Funktionsterm lautet $p(x) = -0{,}5 \cdot x^2 + 2$.

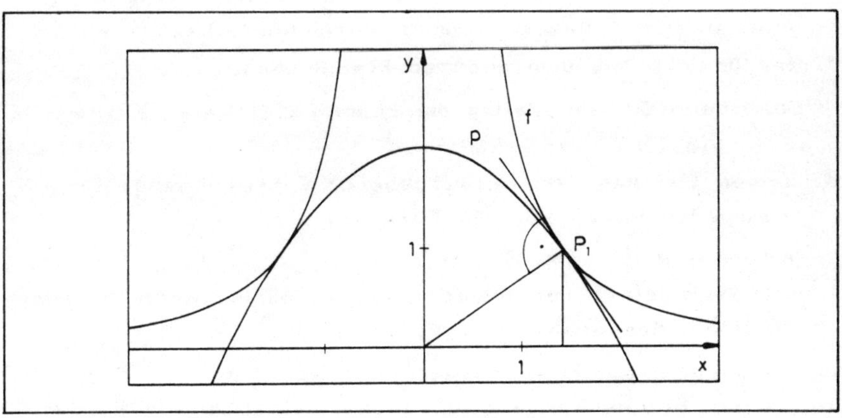

d) Bedingung: $2 \cdot \int_0^\infty a \cdot g(x)dx = 1 \iff \int_0^\infty g(x)dx = 1/(2a)$

$$\int_0^\infty g(x)dx = \int_0^{\sqrt{2}} (-0{,}5 \cdot x^2 + 2)dx + \int_{\sqrt{2}}^{\infty} 2 \cdot x^{-2}\,dx$$

$$= \Big[-(1/6)x^3 + 2x\Big]_0^{\sqrt{2}} + \Big[-2/x\Big]_{\sqrt{2}}^{\infty}$$

$$= -(1/6) \cdot 2 \cdot \sqrt{2} + 2 \cdot \sqrt{2} + 0 + 2/\sqrt{2}$$

$$= -(1/3) \cdot \sqrt{2} + 2 \cdot \sqrt{2} + \sqrt{2}$$

$$= (8/3) \cdot \sqrt{2}$$

Aus $\dfrac{1}{2a} = \dfrac{8}{3} \cdot \sqrt{2}$ erhält man $2a = \dfrac{3}{8 \cdot \sqrt{2}}$, also

$$a = \frac{3}{32} \cdot \sqrt{2} \approx 0{,}1326$$

VII.5 (Lösung im Anhang 1.VII)

a) Skizzieren Sie den Graphen der Funktion f mit
$f(x) = e^{-2x^2}$.

b) Berechnen Sie $\int_0^1 f'(x)dx$ und erläutern Sie an Hand dieses Beispiels den Hauptsatz der Differential- und Integralrechnung.

c) Es werden zur y-Achse symmetrische Dreiecke, deren Spitze im Nullpunkt liegt und deren Basis durch den Graphen von f begrenzt wird, gezeichnet. Bestimmen Sie das Dreieck mit dem größten Flächenmaß.

Erläutern Sie sorgfältig die Begriffe "lokales Extremum" und "globales Extremum".

d) Zeigen Sie: Das der Teilaufgabe c) entsprechende Extremwertproblem für die Funktion g mit
$g(x) = \alpha \cdot e^{-\beta x^2}$ $(\alpha, \beta > 0)$
hat als Lösung das Dreieck, dessen Basis durch die Wendepunkte des Graphen begrenzt wird.

Im anschließenden Prüfungsgespräch könnten z.B. Fragen zur Gaußschen Glockenkurve und zur Normalverteilung folgen.

VII.6 (Lösung im Anhang 1)

Gegeben ist der Graph der Funktion cos über dem Intervall $[-\pi/2;\pi/2]$.

a) Berechnen Sie die Maßzahl der Fläche zwischen Funktionsgraph und x-Achse.

b) Es werden zur y-Achse symmetrische Dreiecke gezeichnet, deren Spitze im Nullpunkt liegt und deren Basis durch den Funktionsgraphen begrenzt wird. Bestimmen Sie die Basislänge des Dreiecks mit maximalem Flächenmaß. Setzen Sie bei der Lösung der Gleichung $\cot u = u$ das Newtonsche Näherungsverfahren ein.
Leiten Sie die Formel $x_{n+1} = x_n - f(x_n)/f'(x_n)$ her!

c) Statt über dem Intervall $[-\pi/2;\pi/2]$ wird der Graph der Funktion cos nun über $[-\pi;\pi]$ vorgegeben. Bestimmen Sie unter der neuen Voraussetzung die Basislänge des Dreiecks mit maximalem Flächenmaß.

Mögliche Fragen für das an den Vortrag der Lösung anschließende Prüfungsgespräch:

(1) Erläutern Sie, wie die Volumenmaßzahl von Rotationskörpern durch Integrale zu berechnen ist. Geben Sie das Integral für den Körper an, der bei Rotation des in Aufgabe a) beschriebenen Kurvenstücks um die x-Achse entsteht.

(2) Skizzieren Sie einen Weg zur Ermittlung eines Stammfunktionsterms zu $\cos^2 x$.

(3) Erläutern Sie das Verfahren der partiellen Integration am Beispiel der Funktionen g und h mit

$g(x) = x^2 \cdot e^x$ bzw.

$h(x) = x^n \cdot e^x$

Anhang 1

Bearbeitungen der zusätzlichen Aufgaben

Aufgabe 1.2

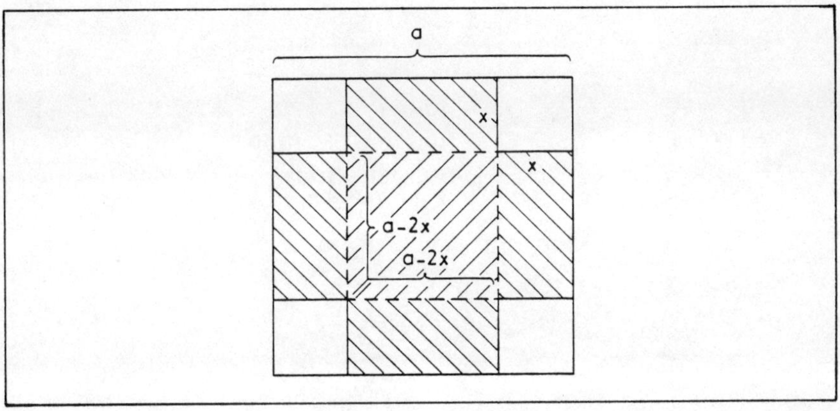

$V(x) = (a - 2x)^2 \cdot x \ , \quad 0 \leq x \leq a/2$

$V'(x) = 2 \cdot (a - 2x) \cdot (-2) \cdot x + (a - 2x)^2 \cdot 1$ (Produktregel)

$= (a - 2x) \cdot (-4x + a - 2x)$

$= (a - 2x) \cdot (a - 6x)$

$(a - 2x) \cdot (a - 6x) = 0$

$\Longleftrightarrow \quad a - 2x = 0 \ \vee \ a - 6x = 0$

$\Longleftrightarrow \quad a = 2x \ \vee \ a = 6x$

$\Longleftrightarrow \quad x = a/2 \ \vee \ x = a/6$

$V''(x) = -2 \cdot (a - 6x) + (a - 2x) \cdot (-6)$

$V''(a/6) = 0 + (a - a/3) \cdot (-6) < 0$

An der Stelle a/6 hat die Funktion V ein lokales Maximum. Die Randstelle a/2 wird nun beim Vergleich des Wertes V(a/6) mit den Randwerten berücksichtigt:

$V(0) = 0, \ V(a/2) = 0, \ V(a/6) = (a - a/3)^2 \cdot (a/6) > 0$

Das lokale Maximum ist auch das absolute.

Ergebnis: Das maximale Volumen entsteht bei der Schnitttiefe 1/6 a cm. Die entsprechende Schachtel hat die Maße 2/3 a cm, 2/3 a cm und 1/6 a cm; ihre Grundkanten sind also viermal so lang wie ihre Höhe.

Aufgabe I.3

Die Variable x gebe die Anzahl der Preisänderungen um jeweils 0,5 DM (und zugleich die Anzahl der Absatzsteigerungen um jeweils 1000 kg) an.

	Gewinn in DM/kg	Masse in kg
(1)	$20 - 14$	10000
(2)	$20 - 14 - x \cdot 0{,}5$ $= 6 - 0{,}5x$	$10000 + x \cdot 1000$ $= 1000 \cdot (10 + x)$

$$G(x) = (6 - 0{,}5x) \cdot 1000 \cdot (10 + x), \quad D_G = \{x \mid 0 \leq x \leq 12\}$$

$$= 0{,}5 \cdot (12 - x) \cdot 1000 \cdot (10 + x)$$

$$= 500 \cdot (12 - x) \cdot (10 + x)$$

$$= 500 \cdot (-x^2 + 2x + 120)$$

$$G'(x) = 500 \cdot (-2x + 2)$$

$$500 \cdot (-2x + 2) = 0$$

$$\iff -2x + 2 = 0$$

$$\iff x = 1$$

$$G''(x) = 500 \cdot (-2)$$

$$G''(1) < 0$$

Die Funktion G hat an der Stelle 1 ein lokales Maximum.

$G(0) = 60000$

$G(12) = 0$

$G(1) = 60500$

Das lokale Maximum ist auch das absolute.

(Dies können Sie auch damit begründen, daß der Graph der Funktion G eine nach unten geöffnete Parabel zweiten Grades ist.)

Ergebnis: Bei einer Preissenkung um einmal 0,5 DM erreicht die Firma den größten Gewinn.

Aufgabe I.5

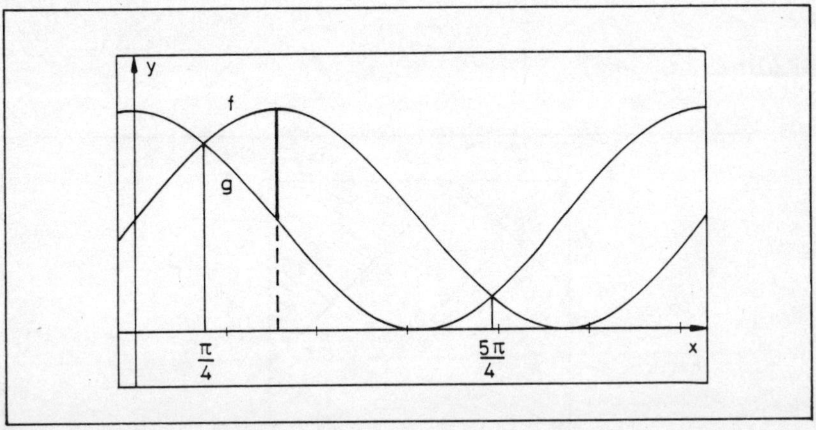

1. Für die Längenmaßzahl der zu untersuchenden Strecke erhält man

   $d(x) = 1 + \sin x - (1 + \cos x)$

   $\quad = \sin x - \cos x$

2. $d'(x) = \cos x - (-\sin x)$

   $\quad = \cos x + \sin x$

3. $d'(x) = 0$

   $\cos x + \sin x = 0$

   $\Longleftrightarrow \sin x = -\cos x$

   $\Longleftrightarrow \tan x = -1$

   $x = 3 \cdot \pi/4 + k \cdot \pi \ (k \in \mathbb{Z})$

4. $3\pi/4$ ist die einzige Nullstelle im Definitions-Intervall $[\pi/4; 5\pi/4]$.

5. $d''(x) = -\sin x + \cos x$

   $d''(3\pi/4) = -\sin(3\pi/4) + \cos(3\pi/4)$

   $\quad = -1/\sqrt{2} - 1/\sqrt{2} < 0$

$d(x)$ hat somit an der Stelle $3\pi/4$ ein lokales Maximum.

$d(\pi/4) = 0$

$d(5\pi/4) = 0$

$d(3\pi/4) = \sin(3\pi/4) - \cos(3\pi/4) = 1/\sqrt{2} + 1/\sqrt{2} = 2/\sqrt{2}$

$\quad = \sqrt{2}$.

Das lokale Maximum ist also auch das globale.

6. *Ergebnis:* Die längste Strecke tritt an der Stelle $3\pi/4$ auf. Ihre Längenmaßzahl beträgt $\sqrt{2}$.

Aufgabe I.6

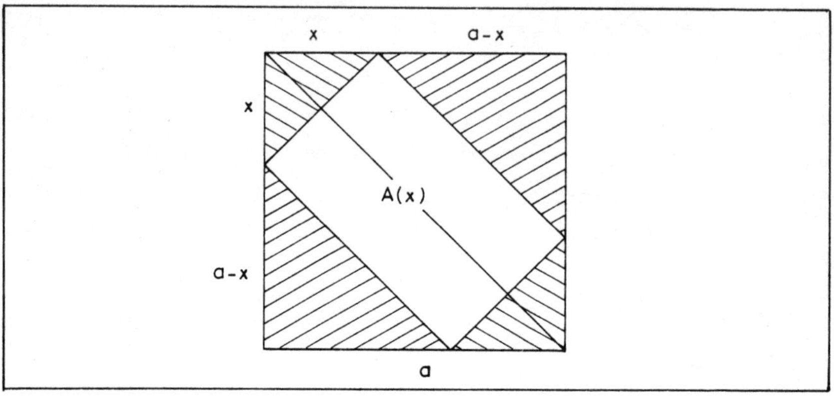

Für die Flächenmaßzahl A(x) des Rechtecks erhält man (vgl. obige Figur):

$$A(x) = a^2 - 0{,}5\cdot x^2 - 0{,}5\cdot x^2 - 0{,}5\cdot(a - x)^2 - 0{,}5\cdot(a - x)^2$$

$$= a^2 - x^2 - (a - x)^2$$

$$= a^2 - x^2 - a^2 + 2ax - x^2$$

$$= 2ax - 2x^2, \quad D_A = \{x \mid 0 \leq x \leq a\}$$

$$A'(x) = 2a - 4x$$

$$2a - 4x = 0$$

$$a = 2x$$

$$x = a/2$$

$$A''(x) = -4$$

$$A''(a/2) = -4$$

A(x) hat somit für $x = a/2$ (und nur dort) ein lokales Minimum.

Vergleich mit den Randwerten:

$A(0) = 0$, $A(a) = 0$, $A(a/2) = a^2/2$

Ergebnis: A(x) hat für $x = a/2$ den absolut größten Wert. Dieser beträgt $a^2/2$.

Aufgabe 1.8

Wie bei den Lösungshinweisen erläutert, erhält man für die Flächenmaßzahl $A(\varphi)$ der zu maximierenden Dreiecksfläche:

$A(\varphi) = b \cdot \sin\varphi \cdot b \cdot \cos\varphi = b^2 \cdot \sin\varphi \cdot \cos\varphi$

$D_A = \{\varphi \mid 0 \le \varphi \le \pi/2\}$

$A'(\varphi) = b^2 \cdot (\cos\varphi \cdot \cos\varphi + \sin\varphi \cdot (-\sin\varphi))$

$= b^2 \cdot (\cos^2\varphi - \sin^2\varphi)$

$b^2 \cdot (\cos^2\varphi - \sin^2\varphi) = 0$

$\Longleftrightarrow \cos^2\varphi - \sin^2\varphi = 0$

$\Longleftrightarrow \cos^2\varphi = \sin^2\varphi$

$\Longleftarrow 1 = \sin^2\varphi/\cos^2\varphi$

$\Longleftrightarrow 1 = \tan^2\varphi$

$\Longleftrightarrow \varphi = \pi/4$ (in D_A)

Die einzige in D_A liegende Nullstelle von A' ist $\pi/4$ (45°).

Vergleich mit den Randwerten:

$A(0) = 0$, $A(\pi/2) = 0$,

$A(\pi/4) = b^2 \cdot (1/2) \cdot \sqrt{2} \cdot (1/2) \cdot \sqrt{2} = b^2/2$

$A(\pi/4)$ ist somit der größte Wert der Funktion A in D_A; die Funktion A nimmt also an der Stelle $\pi/4$ (45°) ihr absolutes Maximum an.
Der "richtige" Neigungswinkel beträgt 45°.

Aufgabe 1.9

$A(\varphi) = b \cdot b \cdot \cos\varphi + b \cdot \sin\varphi \cdot b \cdot \cos\varphi = b^2 \cdot \cos\varphi \cdot (1 + \sin\varphi)$

Definitionsmenge $D_A = \{\varphi \mid 0 \le \varphi \le \pi/2\}$

$A'(\varphi) = b^2 \cdot [-\sin\varphi \cdot (1 + \sin\varphi) + \cos\varphi \cdot \cos\varphi]$

$= -b^2 \cdot [\sin\varphi + \sin^2\varphi - \cos^2\varphi]$

$= -b^2 \cdot [\sin\varphi + \sin^2\varphi - (1 - \sin^2\varphi)]$

$= -b^2 \cdot [2 \cdot \sin^2\varphi + \sin\varphi - 1]$

$-b^2 \cdot [2 \cdot \sin^2\varphi + \sin\varphi - 1] = 0$

$\iff \sin^2\varphi + (1/2)\cdot\sin\varphi - 1/2 = 0$

$\iff \sin\varphi = -1/4 + \sqrt{1/16 + 8/16} \;\vee$

$\quad\;\; \sin\varphi = -1/4 - \sqrt{1/16 + 8/16}$

$\iff \sin\varphi = -1/4 + 3/4 \;\vee\; \sin\varphi = -1/4 - 3/4$

$\iff \sin\varphi = 1/2 \qquad\quad \vee\; \sin\varphi = -1$

Die einzige in D_A liegende Nullstelle von A' ist $\pi/6$ (30°).

Vergleich mit den Randwerten:

$A(0) = b^2$, $A(\pi/2) = 0$,

$A(\pi/6) = b^2\cdot(1/2)\cdot\sqrt{3}\cdot(1 + 1/2) = b^2\cdot(3/4)\cdot\sqrt{3} \approx b^2\cdot 1{,}3$

$A(\pi/6)$ ist somit der größte Wert der Funktion A in D_A; die Funktion A nimmt also an der Stelle $\pi/6$ (30°) ihr absolutes Maximum an.

Ergebnis: Der Winkel zwischen Mittelbrett und Seitenbrettern muß 120° betragen, wenn maximale Trapezfläche erreicht werden soll.

Aufgabe II.2

Für den Flächenmaßterm $A(x,y)$ des Fußballfeldes mit den Seitenmaßen x und y erhält man

$A(x,y) = x \cdot y$

x und y müssen die folgende Nebenbedingung erfüllen (Sie wissen ja noch, daß der Umfang eines Kreises mit Radius r durch den Term $2\pi \cdot r$, also der Umfang des entsprechenden Halbkreises durch $\pi \cdot r$ gegeben ist?):

$x + \pi \cdot (y/2) + x + \pi \cdot (y/2) = 400$

$\iff 2x + \pi \cdot y = 400$

$\iff \quad \mathbf{y = (400 - 2x)/\pi}$

Tragen wir diesen Term für **y** in

$A(x,\mathbf{y}) = x \cdot \mathbf{y}$ ein, so erhalten wir

$a(x) = x \cdot \mathbf{(400 - 2x)/\pi}$

$a(x) = (400x - 2x^2)/\pi$

$a(x) = (1/\pi) \cdot (400x - 2x^2)$

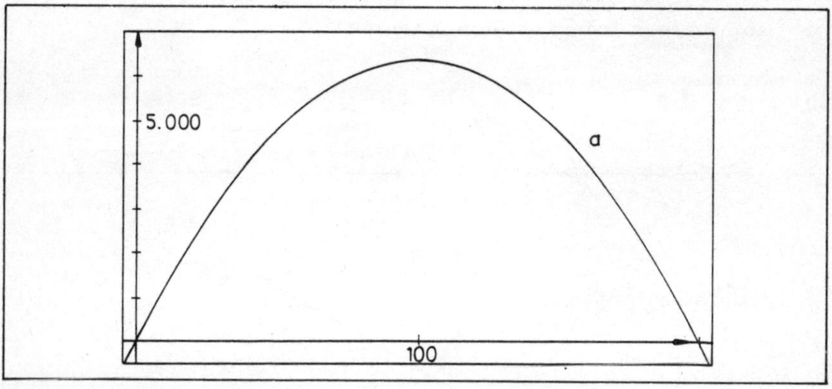

Die Definitionsmenge der Funktion a ist

$D_a = \{x \mid 0 \leq x \leq 200\}$

Begründung:

Als Längenmaßzahl kann x nicht negativ sein; damit ist die Bedingung $0 \leq x$ geklärt. Auch für die Längenmaßzahl y gilt $y \geq 0$; wegen $y = (400 - 2x)/\pi$ erhalten wir

$y \geq 0 \iff (400 - 2x)/\pi \geq 0 \iff 400 - 2x \geq 0$

$\iff 200 \geq x \iff x \leq 200$

Da nur die Nullstellen von $a'(x)$ lokale Extremstellen von a sein können, bilden wir $a'(x)$ und lösen die Gleichung
$a'(x) = 0$.

$a'(x) = (1/\pi)\cdot(400 - 4x)$

$$(1/\pi)\cdot(400 - 4x) = 0$$
$$400 - 4x = 0$$
$$400 = 4x$$
$$100 = x$$

$a''(x) = (1/\pi)\cdot(-4)$

$a''(100) < 0$

Der Funktionsterm $a(x)$ hat somit an der Stelle 100 ein lokales Maximum.

Vergleich mit den Randwerten:

$a(0) = 0$, $a(200) = 0$, $a(100) = 100\cdot(400 - 200)/\pi > 0$

Das lokale Maximum ist also auch das absolute.

Ergebnis: Das Fußballfeld ist genau dann am größten, wenn die Geraden der Laufbahn 100 m lang sind. Die übliche Stadionform ist also auch die mit dem größten Spielfeld. Sie haben's natürlich gleich gewußt!

Aufgabe II.3

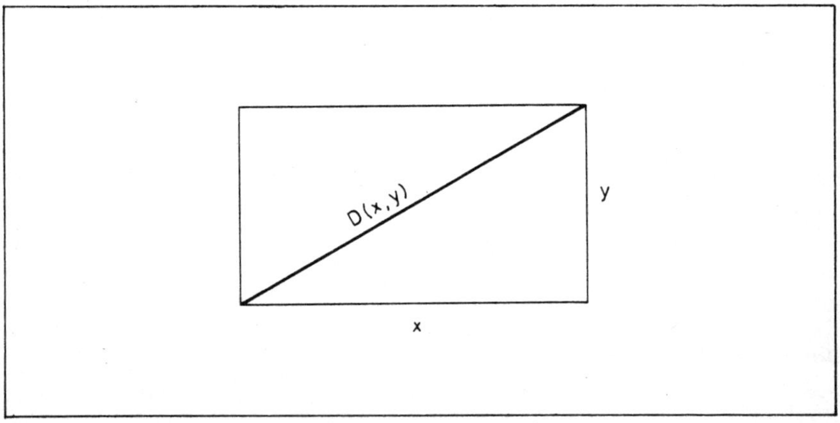

Nach dem Satz des Pythagoras gilt

(1) $D(x,y) = \sqrt{x^2 + y^2}$

Da die Umfangsmaßzahl 48 betragen soll, müssen x und y

die Nebenbedingung $2 \cdot (x + y) = 48$ erfüllen. Es gilt

$2 \cdot (x + y) = 48 \iff x + y = 24 \iff y = 24 - x$

Mit $y = 24 - x$ erhält man aus (1)

$d(x) = \sqrt{x^2 + (24 - x)^2}$, $x \in [0;24]$

Da $d(x) \geq 0$ für alle $x \in [0;24]$, kann man statt der Funktion d auch die Funktion g mit $g = d^2$ untersuchen.

$$g(x) = x^2 + (24 - x)^2$$

$$\begin{aligned} g'(x) &= 2x + 2 \cdot (24 - x) \cdot (-1) \\ &= 2 \cdot (x - 24 + x) \\ &= 2 \cdot (2x - 24) \\ &= 4 \cdot (x - 12) \end{aligned}$$

$$4 \cdot (x - 12) = 0$$

$$\iff \quad x = 12$$

$$g''(x) = 4$$

$$g''(12) > 0$$

Die Funktion g und damit auch die Funktion d hat an der Stelle 12 (und nur dort) ein lokales Minimum.

Vergleich mit den Randwerten:

$d(0) = 24$, $d(24) = 24$, $d(12) = 12 \cdot \sqrt{2} < 24$

Das lokale Minimum ist auch das absolute.

Auf Grund der Nebenbedingung für x und y gilt:

$x = 12 \implies y = 12$

Die kürzeste Diagonale hat also das *Quadrat*, dessen Seiten 12 cm lang sind.

Das algebraische Problem führt auf den Ansatz

(2) $S(x,y) = x^2 + y^2$

Die Nebenbedingung lautet $x + y = 24$.

Mit $y = 24 - x$ erhält man aus (2)

$s(x) = x^2 + (24 - x)^2$

Die Funktionen s und g sind also gleich.

Aufgabe II.5

$v(x) = 30x^2 - 2x^3$

Bestimmung der Definitionsmenge für die Funktion v: Die untere Grenze ist 0, da die Kantenmaßzahl x nicht negativ sein kann. Was x recht ist, ist h billig; auch die Kantenmaßzahl h kann nicht negativ sein; es muß also gelten:

$h \geq 0$ oder wegen $h = 30 - 2x$

$30 - 2x \geq 0 \iff 30 \geq 2x \iff 15 \geq x \iff x \leq 15$

Es gilt also $D_v = \{x \mid 0 \leq x \leq 15\}$.

Da nur die Nullstellen von v' als Extremstellen von v in Betracht kommen, bilden wir v'(x) und lösen die Gleichung $v'(x) = 0$.

$$v'(x) = 60x - 6x^2$$

$$60x - 6x^2 = 0$$

$$\iff 6x \cdot (10 - x) = 0$$

$$\iff x = 0 \lor x = 10$$

Auf die Randstelle 0 kommen wir nachher zurück. Wir untersuchen zunächst die Stelle 10.

$v''(x) = 60 - 12x \implies v''(10) = 60 - 12 \cdot 10 < 0$

Die Funktion v hat also an der Stelle 10 (x_{max}) ein lokales Maximum.

Es gilt $v(0) = 0$, $v(15) = 0$, $v(10) = 1000$.

Da beide Randwerte kleiner als der Wert v(10) sind, ist das lokale Maximum auch das gesuchte absolute.

$h_{max} = 30 - 2 \cdot x_{max} = 30 - 2 \cdot 10 = 10$

Höhe und Grundkante sind also gleich lang.

Ergebnis:

Von den Quadern der beschriebenen Art hat der *Würfel* das größte Volumen. Welche überraschung!?

Aufgabe II.6

Zielfunktionsterm:

$$A(l,b,h) = (l \cdot b + 2 \cdot l \cdot h + 2 \cdot b \cdot h) + (2 \cdot l \cdot b + 3 \cdot l \cdot h) = 3 \cdot l \cdot b + 5 \cdot l \cdot h + 2 \cdot b \cdot h$$

Nebenbedingungen:

$$l = 5$$

$$5 \cdot b \cdot h = 5 \cdot 3{,}5 \cdot 1{,}2$$

$$\iff b \cdot h = 4{,}2$$

$$\iff b = 4{,}2/h$$

$$a(h) = 3 \cdot 5 \cdot (4{,}2/h) + 25h + 8{,}4 = 63/h + 25h + 8{,}4$$

$a'(h) = -63/h^2 + 25$

$-63/h^2 + 25 = 0$

$25 = 63/h^2$

$h^2 = 63/25$

$h = \sqrt{63/25} = \sqrt{(9/25)\cdot 7} = (3/5)\cdot\sqrt{7} \approx 1{,}59$

$a''(h) = 126/h^3$

$a''(\sqrt{63/25}) > 0$

Für $h \approx 1{,}59$ hat $a(h)$ somit ein lokales Minimum.

Weil $a(h) \to \infty$ für $h \to 0$ und $h \to \infty$, ist das lokale Minimum auch das absolute.

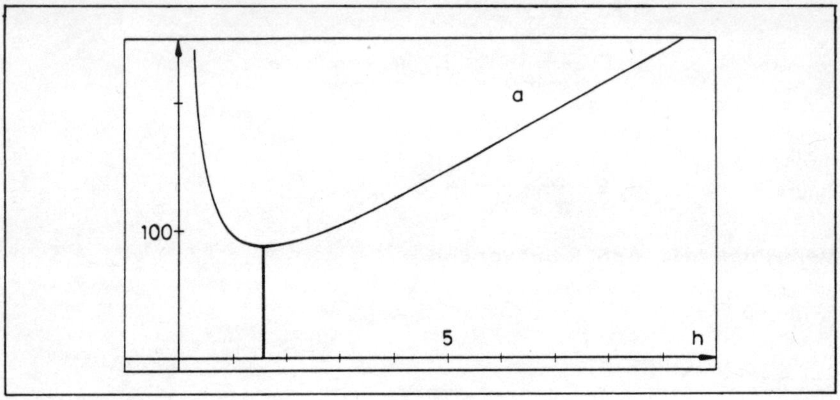

Wir berechnen den zu h gehörenden Wert von b:

$b = 4{,}2/h \approx 2{,}64$

Ergebnis: Die Maße der Sparschachtel sind:

Länge: 5 cm, Breite: 2,64 cm, Höhe: 1,59 cm.

Aufgabe II.8

Die Maßzahl der umspannten Gesamtfläche ist durch den folgenden Term gegeben:

$A(r,x) = \pi r^2 + x^2$

Nebenbedingung: $4x + 2\pi r = L \iff \mathbf{x = L/4 - (\pi/2)\cdot r}$

$a(r) = \pi r^2 + (L/4 - (\pi/2)\cdot r)^2, \quad 0 \le r \le L/(2\pi)$

$$a'(r) = 2\pi r + 2\cdot(L/4 - (\pi/2)\cdot r)\cdot(- \pi/2)$$

$$= 2\pi r - (L/4)\cdot\pi + (\pi^2/2)\cdot r$$

$$= (2 + \pi/2)\cdot\pi r - (L/4)\cdot\pi$$

$$(2 + \pi/2)\cdot\pi r - (L/4)\cdot\pi = 0$$

$$(2 + \pi/2)\cdot r = (L/4)$$

$$(8 + 2\pi)\cdot r = L$$

$$r = L/(8 + 2\pi)$$

$a''(r) = 2\pi + (\pi^2/2) > 0$ für alle $r \in \mathbb{R}$

$a(r)$ hat für $r = L/(8 + 2\pi)$ ein lokales Minimum.

Berechnung des zugehörigen Wertes von x:

$$x_{min} = \frac{L}{4} - \frac{\pi}{2}\cdot\frac{L}{8 + 2\pi} = \frac{L}{4} - \frac{\pi}{4}\cdot\frac{L}{4 + \pi}$$

$$= \frac{L}{4}\cdot\left(1 - \frac{\pi}{4 + \pi}\right) = \frac{L}{4}\cdot\frac{4 + \pi - \pi}{4 + \pi}$$

$$x_{min} = \frac{L}{4 + \pi} = 2\cdot\frac{L}{8 + 2\pi} = 2\cdot r_{min}$$

Vergleich mit den Randwerten:

$$a(0) = \frac{L^2}{16}$$

$$a\left(\frac{L}{2\pi}\right) = \pi\,\frac{L^2}{4\pi^2} + \left(\frac{L}{4} - \frac{L}{4}\right)^2 = \frac{L^2}{4\pi}$$

$$a\left(\frac{L}{2\pi+8}\right) = \pi\cdot\frac{L^2}{4(\pi+4)^2} + \frac{L^2}{(\pi+4)^2} = \frac{L^2}{(\pi+4)^2}\cdot(\pi/4 + 1)$$

$$= \frac{L^2}{(\pi+4)^2}\cdot\frac{\pi + 4}{4} = \frac{L^2}{4\pi + 16}$$

Da der Nenner $4\pi+16$ größer als der Nenner 16 und größer als der Nenner 4π ist, ist der Term $L^2/(4\pi+16)$ kleiner als die beiden Randwerte.

Das lokale Minimum ist zugleich das gesuchte absolute.

Auch hier ist es wieder *einfacher*, sich auf den Graphen der Funktion a zu berufen. Da der Graph von a eine nach oben geöffnete Parabel zweiten Grades ist, entspricht dem y-Wert ihres Scheitelpunkts das *absolute* Minimum der Funktion.

Aus $x_{min} = 2\ r_{min}$ folgt für das Verhältnis von Quadrat- und Kreisumfang

$U_Q : U_K = 4\ x_{min} : 2\ \pi\ r_{min} = 8\ r_{min} : 2\ \pi\ r_{min} = 4 : \pi$

Ergebnis: Die von der Schnur umspannte Gesamtfläche ist genau dann minimal, wenn Quadratseite und Kreisdurchmesser gleich lang sind, der Kreis also dem Quadrat einbeschrieben werden kann. Die Schnur ist im Verhältnis $4 : \pi$ zu teilen.

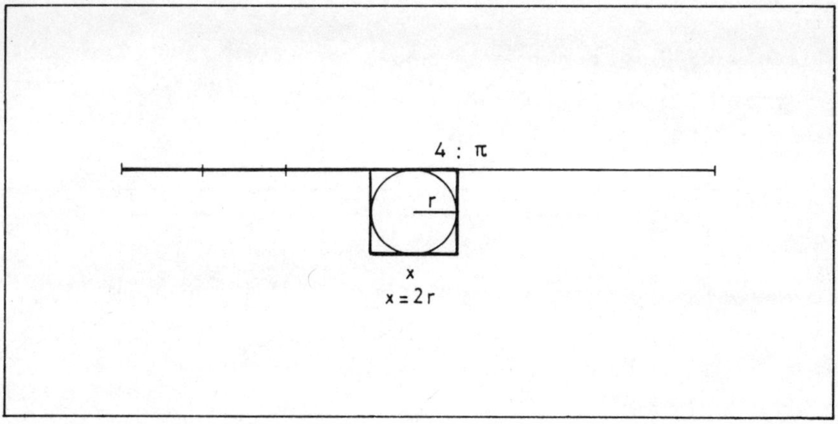

Aufgabe II.9

Die Oberfläche der Dose setzt sich aus dem Zylindermantel, dem Boden und dem Deckel zusammen.

Für die Oberflächenmaßzahl erhält man also

(Mantel) (Boden) (Deckel)

$A(r,h) = 2\pi rh + \pi r^2 + \pi r^2$

$A(r,h) = 2 \cdot \boldsymbol{\pi r h} + 2 \cdot \pi r^2$

Da die Volumenmaßzahl des Zylinders fest vorgegeben ist,

gilt $\pi r^2 h = V \iff \boldsymbol{\pi r h = V/r}$ (für $r > 0$).

Mit dieser Nebenbedingung erhält man

$a(r) = 2 \cdot (\boldsymbol{V/r} + \pi r^2)$, $D_a = \{r \mid r > 0\}$

$a'(r) = 2\cdot(-V/r^2 + 2\pi r)$

$$-V/r^2 + 2\pi r = 0$$

$$2\pi r = V/r^2$$

$$2\pi r^3 = V$$

$$r^3 = V/(2\pi)$$

$$r = \sqrt[3]{V/(2\pi)}$$

Es gilt $a''(r) = (4V)/r^3 + 4\pi > 0$ für alle $r \in D_a$.

Die Funktion a hat also an der Stelle $\sqrt[3]{V/(2\pi)}$ ein lokales Minimum.

Wegen $a(r) \to \infty$ für $r \to \infty$ und

$a(r) \to \infty$ für $r \to 0$

ist das lokale Minimum auch das absolute.

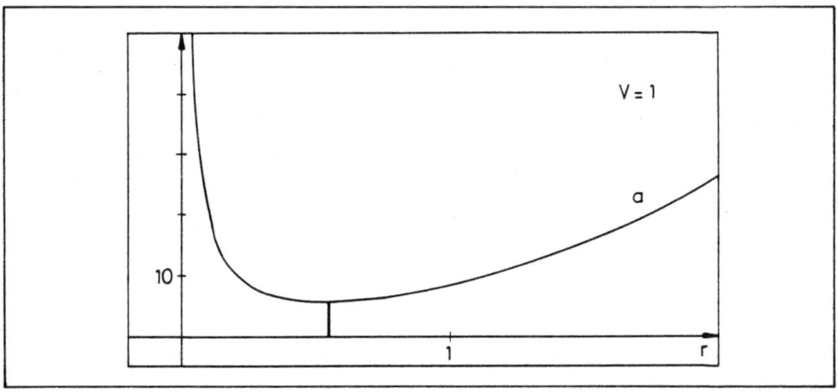

Für $r = \sqrt[3]{V/(2\pi)}$ erhält man aus $\pi r^2 h = V$ bzw.

$\pi\cdot r^3\cdot h = V\cdot r$:

$$\pi\cdot\frac{V}{2\pi}\cdot h = V\cdot\sqrt[3]{\frac{V}{2\pi}}$$

$$\frac{V}{2}\cdot h = V\cdot\sqrt[3]{\frac{V}{2\pi}}$$

$$h = 2 \cdot \sqrt[3]{\frac{V}{2\pi}}$$

Bei dem gesuchten Zylinder mit minimalem Oberflächenmaß sind somit Höhe und Grundkreis-Durchmesser gleich lang. Dieser Zylinder zeichnet sich also dadurch aus, daß sein "Achsenschnitt" ein Quadrat ist.
Die handelsüblichen Konservendosen haben (vermutlich aus verpackungstechnischen Gründen) keinen quadratischen Achsenschnitt.

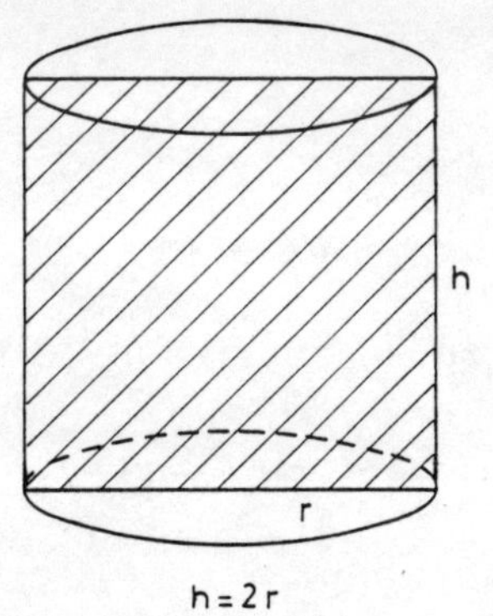

Aufgabe III.2

Zielfunktion: $V(r,h) = \pi \cdot r^2 \cdot h$

Nebenbedingung: $r^2 = R^2 - h^2$ (Pythagoras)

$v(h) = \pi \cdot (R^2 - h^2) \cdot h = \pi \cdot (R^2 h - h^3), \quad h \in [0;R]$

$v'(h) = \pi \cdot (R^2 - 3h^2)$

$$\pi \cdot (R^2 - 3h^2) = 0$$

$$\iff R^2 - 3h^2 = 0$$

$$\iff R^2 = 3h^2$$

$$\iff h^2 = R^2/3$$

$$\iff h = R/\sqrt{3}$$

$v''(h) = \pi \cdot (-6h)$

$v''(R/\sqrt{3}) < 0$

$v(0) = 0, \ v(R) = 0, \ v(R/\sqrt{3}) > 0$

Die Funktion v hat an der Stelle $R/\sqrt{3}$ ihr absolutes Maximum.

Für den zugehörigen Wert der Variablen r erhält man:

$r^2 = R^2 - R^2/3 = (2/3) \cdot R^2 = 2 \cdot R^2/3$

$r = \sqrt{2} \cdot (R/\sqrt{3})$

Höhe und Grundkreisradius des Zylinders mit maximalem Volumen verhalten sich wie $1 : \sqrt{2}$.

Aufgabe III.3

Zielfunktion: $V(r,h) = \pi \cdot r^2 \cdot h$

Nebenbedingung: $(2r)^2 + (h/2)^2 = R^2$

$$\iff 4r^2 + h^2/4 = R^2$$

$$\iff r^2 = R^2/4 - h^2/16$$

$$\iff r^2 = (1/16) \cdot (4R^2 - h^2)$$

$v(h) = \pi \cdot (1/16) \cdot (4R^2 - h^2) \cdot h$

$\quad = \pi \cdot (1/16) \cdot (4R^2 h - h^3), \quad h \in [0;2R]$

$$= (\pi/16)\cdot(4R^2h - h^3)$$

$$v'(h) = (\pi/16)\cdot(4R^2 - 3h^2)$$

$$(\pi/16)\cdot(4R^2 - 3h^2) = 0$$

$$4R^2 - 3h^2 = 0$$

$$h^2 = 4R^2/3$$

$$h = \frac{2R}{\sqrt{3}}$$

$$v''(h) = (\pi/16)\cdot(-6h)$$

$v''(h) < 0$ für alle $h \in [0;2R]$

$v(0) = 0,\ v(2R) = 0,\ v(2R/\sqrt{3}) > 0$

Die Funktion v hat für $h = 2R/\sqrt{3}$ ihr absolutes Maximum.

$$r^2 = (1/16)\cdot(4R^2 - h^2)$$

$$= (1/16)\cdot(4R^2 - 4/3\cdot R^2) = (1/16)\cdot 8/3\cdot R^2 = (1/6)\cdot R^2$$

$$r = R/\sqrt{6} \qquad 2r = 2R/\sqrt{6}$$

Höhe und Grundkreisdurchmesser des Zylinders mit maximalem Volumen verhalten sich wie $\sqrt{2} : 1$.

Aufgabe III.5

Zielfunktionsterm: $V(r,h) = \pi\cdot r^2\cdot h$

Nebenbedingung: $\frac{H - h}{H} = \frac{r}{R}$ (nach zweitem Strahlensatz)

$$\iff H - h = \frac{r}{R}\cdot H \quad \iff \quad H - \frac{r}{R}\cdot H = h$$

$$\iff h = \frac{H}{R}\cdot(R - r)$$

$$v(r) = \pi\cdot r^2\cdot(H/R)\cdot(R - r),\ 0 \le r \le R$$

$$v(r) = (\pi\cdot H/R)\cdot(R\cdot r^2 - r^3)$$

$$v'(r) = (\pi\cdot H/R)\cdot(2R\cdot r - 3r^2)$$

$$2R\cdot r - 3r^2 = 0$$

$$r\cdot(2R - 3r) = 0$$

$$r = 0 \ \vee \ 2R - 3r = 0$$

$$r = 0 \quad \vee \quad r = \frac{2}{3} R$$

$$v''(r) = (\pi \cdot H/R) \cdot (2R - 6r)$$

$$v''(2/3 \cdot R) = (\pi \cdot H/R) \cdot (2R - 4R) < 0$$

$$v(0) = 0, \; v(R) = 0, \; v(2/3 \cdot R) > 0$$

Für $r = 2/3 \cdot R$ nimmt die Funktion v ihr absolutes Maximum an.

Für $r = 2/3 \cdot R$ erhält man

$$h = \frac{H}{R} \cdot (R - \frac{2}{3} \cdot R) = \frac{H}{R} \cdot \frac{R}{3} = \frac{H}{3}$$

$$V(2/3 \cdot R, 1/3 \cdot H) = \pi \cdot (4/9) \cdot R^2 \cdot (1/3) \cdot H = (4/27) \cdot \pi \cdot R^2 \cdot H$$
$$= (4/9) \cdot (1/3) \cdot \pi \cdot R^2 \cdot H$$

Ergebnis: Der Zylinder mit der Radiusmaßzahl $\frac{2}{3}$ R und der Höhenmaßzahl $\frac{1}{3}$ H hat das größte Volumen. Es beträgt $(4/9) \cdot (1/3) \cdot \pi \cdot R^2 \cdot H$, also 4/9 des Kegelvolumens.

Aufgabe III.6

$$V(x,y) = x^2 \cdot \mathbf{y}$$

$$\frac{h - y}{h} = \frac{x/2}{s/2} \iff h - y = \frac{x}{s} \cdot h \iff h - \frac{x}{s} \cdot h = y$$

$$y = \frac{h}{s} \cdot s - \frac{h}{s} \cdot x \iff \mathbf{y = (h/s) \cdot (s - x)}$$

$$v(x) = x^2 \cdot \mathbf{(h/s) \cdot (s - x)}$$

$$v(x) = (h/s) \cdot (sx^2 - x^3) \;, \; 0 \leq x \leq s$$

$$v'(x) = (h/s) \cdot (2sx - 3x^2)$$

$$2sx - 3x^2 = 0$$

$$x \cdot (2s - 3x) = 0$$

$$x = 0 \quad \vee \quad x = \frac{2}{3} s$$

$$v''(x) = (h/s) \cdot (2s - 6x)$$

$v''(2/3\cdot s) = (h/s)\cdot(2s - 4s) < 0$

$v(0) = 0,\ v(s) = 0,\ v(2/3\cdot s) > 0$

Die Funktion v hat bei $x = 2/3\cdot s$ ihr absolutes Maximum.

Aus $y = (h/s)\cdot(s - x)$ erhält man

$y = (h/s)\cdot(s - 2/3\cdot s) = (h/s)\cdot s/3 = h/3$

Die Maßzahlen des Quaders mit dem größten Volumen sind 2/3 s bzw. 1/3 h. Für sein Volumen erhält man

$(2/3\cdot s)^2\cdot(1/3\cdot h) = 4/9\cdot s^2\cdot 1/3\cdot h = 4/27\cdot s^2\cdot h$

$= (4/9)\cdot(1/3)\cdot s^2\cdot h$

Das Volumen beträgt also (4/9)-tel des Pyramidenvolumens.

Aufgabe III.8

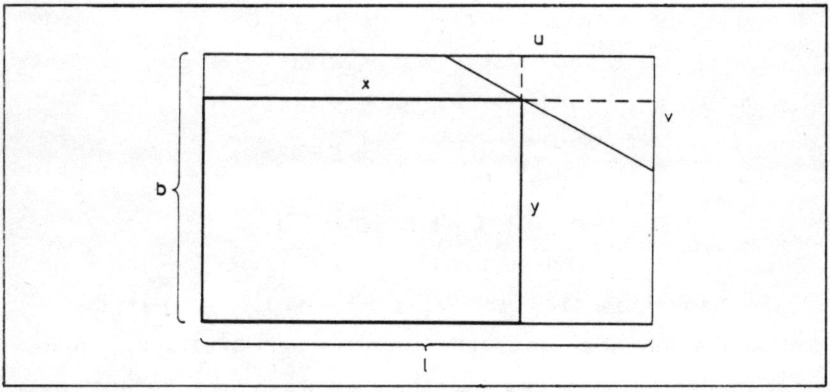

Zielfunktionsterm: $A(x,y) = x\cdot y$

Nebenbedingung: $$\frac{u - (l - x)}{u} = \frac{b - y}{v}$$

$$\Longleftrightarrow \frac{v}{u}\cdot(u - l + x) = b - y \quad \Longleftrightarrow \quad y = b - \frac{v}{u}\cdot(u - l + x)$$

$$\Longleftrightarrow \quad y = b - v + (v/u)\cdot l - (v/u)\cdot x$$

$a(x) = (b - v + (v/u)\cdot l)\cdot x - (v/u)\cdot x^2$

$a'(x) = b - v + (v/u)\cdot l - 2\cdot(v/u)\cdot x$

$b - v + (v/u)\cdot l - 2(v/u)\cdot x = 0$

$$bu - vu + vl = 2v \cdot x$$

$$2x = (bu)/v - u + l$$

$$x = \frac{1}{2} ((bu)/v + l - u)$$

$$a''(x) = - 2 \cdot (v/u)$$

Es gilt also $a''(x) < 0$ für alle $x \in \mathbf{R}$. Die Funktion a hat somit an der oben ermittelten Stelle (im folgenden mit x_0 bezeichnet) ein lokales Maximum. Diese Stelle x_0 ist auch die Stelle des *absoluten* Maximums, wenn sie im Definitionsintervall liegt (vgl. dazu die Ausführungen unter II.1, S.35), wenn also gilt:

$$l - u \leq x_0 \leq l$$

Wir leiten die hierzu von l, b, u, v zu erfüllende Bedingung her:

$$\begin{aligned}
l - u &\leq x_0 \leq l \\
l - u &\leq 0{,}5 \cdot ((bu)/v + l - u) \leq l \\
2l - 2u &\leq (bu)/v + l - u \leq 2l \\
- 2u &\leq (bu)/v - l - u \leq 0 \\
- u &\leq (bu)/v - l \leq u \\
- 1 &\leq b/v - l/u \leq 1 \\
&|b/v - l/u| \leq 1 \\
&|l/u - b/v| \leq 1
\end{aligned}$$

Ist die Bedingung $|l/u - b/v| \leq 1$ erfüllt, so hat die Funktion a ihr absolutes Maximum an der Stelle x_0. In den anderen Fällen wird das Maximum am Rand des Definitionsintervalls [l-u;l] angenommen (vgl. Aufgabe III.7).

Aufgabe III.9

$$V(r,h) = (1/3) \cdot \pi r^2 h$$

Herleitung einer Nebenbedingung

(1) $t^2 + R^2 = (h - R)^2$ (Satz des Pythagoras)

$\Longleftrightarrow$ $t^2 + R^2 = h^2 - 2hR + R^2$

$\Longleftrightarrow$ $t^2 = h^2 - 2Rh$

(2) $t/h = R/r$ (Strahlensatz)

$\Longleftrightarrow \quad t = (R/r)\cdot h$

Wir tragen $(R/r)\cdot h$ für t in die Gleichung

$t^2 = h^2 - 2hR$ ein und erhalten

$$\frac{R^2\cdot h^2}{r^2} = h^2 - 2hR$$

$$\Longleftrightarrow \quad \frac{R^2\cdot h}{r^2} = h - 2R$$

$$\Longleftrightarrow \quad \frac{R^2\cdot h}{h - 2R} = r^2 \quad (h > 2R)$$

Den Term für r^2 setzen wir in $V(r,h)$ ein; es entsteht

$$v(h) = \frac{\pi R^2}{3}\cdot\frac{h^2}{h - 2R}, \quad D_v = \{h \mid h > 2R\}$$

$$v'(h) = \frac{\pi R^2}{3}\cdot\frac{2h\cdot(h - 2R) - h^2}{(h - 2R)^2}$$

$$= \frac{\pi R^2 h}{3}\cdot\frac{2\cdot(h - 2R) - h}{(h - 2R)^2}$$

$$= \frac{\pi R^2 h}{3}\cdot\frac{h - 4R}{(h - 2R)^2}$$

Die einzige in D_v liegende Nullstelle der Gleichung $v'(h) = 0$ ist 4R.

Die Überprüfung des Wertes $v''(4R)$ erfordert einigen Rechenaufwand. Es genügt, die Ableitung des Terms $Z(h) = h^2 - 4Rh$ zu untersuchen (vgl. Anhang 2, Satz 4).

$Z'(h) = 2h - 4R \Longrightarrow Z'(4R) = 4R$

Der Term $v(h)$ hat also für $h = 4R$ ein lokales Minimum. Für $h \to 2R$ und $h \to \infty$ gilt $v(h) \to \infty$. Das lokale Minimum ist somit auch das absolute.

Ergebnis: Der umbeschriebene Kegel hat das kleinste Volumen, wenn seine Höhe doppelt so lang wie der Kugeldurchmesser ist.

Aufgabe IV.2

Für die Entfernung E(x,y) des Punktes P(x;y) vom Punkt $P_0(2;1)$ erhält man nach dem Satz des Pythagoras:

$$E(x,y) = \sqrt{(x - 2)^2 + (y - 1)^2}$$

Der Punkt P(x;y) soll auf dem Graphen von f mit $f(x) = -x^2 + 3x$ liegen; daher gilt für die Variablen x und y die Nebenbedingung $y = - x^2 + 3x$.

Trägt man in E(x,y) für y den Term $- x^2 + 3x$ ein, so erhält man die zu minimierende Entfernung als Funktion der einen Variablen x:

$$e(x) = \sqrt{(x - 2)^2 + (-x^2 + 3x - 1)^2}\ , \quad D = [0;3]$$

Wegen $e(x) \geq 0$ für alle $x \in D$ hat die Funktion g mit $g(x) = e^2(x)$ an den gleichen Stellen wie e Extrema, und zwar Extrema gleicher Art (vgl. Anhang 2, Satz 5).
Da g leichter zu differenzieren ist, machen wir von diesem Satz Gebrauch.

$$g(x) = (x - 2)^2 + (-x^2 + 3x - 1)^2, \quad D = [0;3]$$

$$g'(x) = 2\cdot(x - 2) + 2\cdot(-x^2 + 3x - 1)\cdot(-2x + 3)$$

$$= 2\cdot((x - 2) + (-x^2 + 3x - 1)\cdot(-2x + 3))$$

$$= 2\cdot(x - 2 + 2x^3 - 6x^2 + 2x - 3x^2 + 9x - 3)$$

$$= 2\cdot(2x^3 - 9x^2 + 12x - 5)$$

$$2x^3 - 9x^2 + 12x - 5 = 0$$

Daß die Zahl 1 die Gleichung löst, erkennt man sofort:

$$2\cdot1^3 - 9\cdot1^2 + 12\cdot1 - 5 = (2 + 12) - (9 + 5) = 14 - 14 = 0$$

Weitere Nullstellen von g'(x) müssen die Gleichung q(x) = 0 erfüllen, wobei q(x) das Ergebnis der Polynomdivision

$(2x^3 - 9x^2 + 12x - 5) : (x - 1)$ ist.

$$
\begin{array}{l}
(2x^3 - 9x^2 + 12x - 5) : (x - 1) = 2x^2 - 7x + 5 \\
\underline{\ \ 2x^3 - 2x^2} \\
\qquad\ \ - 7x^2 + 12x \\
\qquad\ \ \underline{- 7x^2 + \ \ 7x} \\
\qquad\qquad\qquad 5x - 5 \\
\qquad\qquad\qquad \underline{5x - 5} \\
\qquad\qquad\qquad\qquad 0
\end{array}
$$

$2x^2 - 7x + 5 = 0$

$x^2 - (7/2)x + 5/2 = 0$

$x = (7/4) + \sqrt{49/16 - 40/16} \quad \vee \quad x = (7/4) - \sqrt{49/16 - 40/16}$

$x = (7/4) + \sqrt{9/16} \quad \vee \quad x = (7/4) - \sqrt{9/16}$

$x = (7/4) + 3/4 \quad \vee \quad x = (7/4) - 3/4$

$x = 2{,}5 \quad \vee \quad x = 1$

Somit kommen nur die Stellen 1 und 2,5 als Stellen lokaler Extrema in Frage.

$g''(x) = 2\cdot(6x^2 - 18x + 12) = 12\cdot(x^2 - 3x + 2)$

$\quad = 12\cdot(x - 1)\cdot(x - 2)$

$g''(2{,}5) = 12\cdot(2{,}5 - 1)\cdot(2{,}5 - 2) > 0$

$g''(1) = 12\cdot(1 - 1)\cdot(1 - 2) = 0 \quad !$

$g'''(x) = 12\cdot(2x - 3)$

Da $g''(1) = 0 \wedge g'''(1) = 12\cdot(2 - 3) < 0$, hat der Graph von g an dieser Stelle einen Wendepunkt mit horizontaler Tangente (sog. Sattelpunkt); an der Stelle 1 hat g (und damit auch e) also kein lokales Extremum.
Die Funktion g (und damit auch e) hat somit genau an der Stelle 2,5 ein lokales Minimum.
Vergleich mit den Randwerten:

$e(0) = \sqrt{4 + 1} = \sqrt{5}$

$e(2{,}5) = \sqrt{1/4 + (-25/4 + 30/4 - 4/4)^2} = \sqrt{1/4 + (1/4)^2}$

$\quad = \sqrt{5/16} = (1/4)\cdot\sqrt{5} \approx 0{,}56$

$e(3) = \sqrt{1 + 1} = \sqrt{2}$

Das lokale Minimum an der Stelle 2,5 ist also zugleich das absolute.

Ergebnis: Der Punkt P(2,5; 1,25) hat im Vergleich zu allen anderen Punkten des Funktionsgraphen die kürzeste Entfernung vom Punkt P(2;1). Ihre Maßzahl beträgt $(1/4)\cdot\sqrt{5}$
Auch in diesem Fall läßt sich nachweisen: Die Verbindungsstrecke $\overline{P_0P}$ steht senkrecht auf der Tangente der Kurve in P. Ihr absolutes Maximum $\sqrt{5}$ nimmt die Funktion e an der Randstelle 0 an.

Beachten Sie: An der Nullstelle 1 von g' wird weder das absolute Minimum noch das absolute Maximum von g bzw. e angenommen.

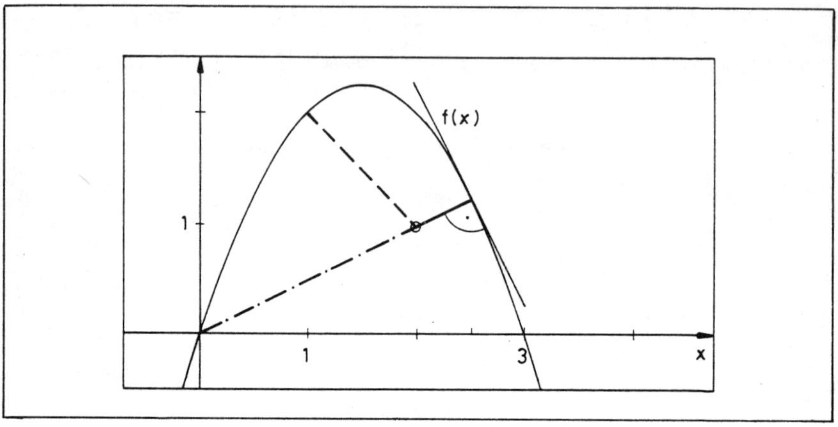

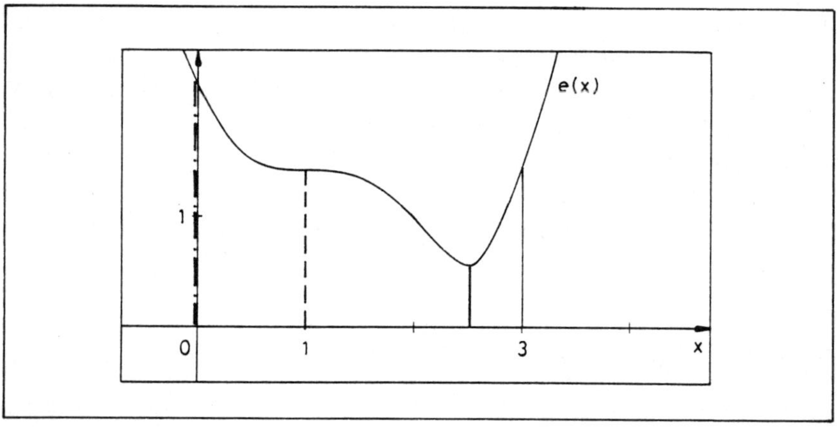

Aufgabe IV.3

$E(x,y) = \sqrt{x^2 + y^2}$

Da der Punkt P(x;y) auf dem Graphen von f liegen soll, gilt für die Variablen x und y die Nebenbedingung y = f(x).

Trägt man in E(x,y) für y den Term f(x) ein, so erhält man die zu minimierende Entfernung als Funktion der einen Variablen x:

$e(x) = \sqrt{x^2 + f(x)^2}$, $D = \mathbb{R}$

Wir gehen wieder zu der Funktion g mit $g(x) = (e(x))^2$ über.

$g(x) = x^2 + f(x)^2$, $D = \mathbb{R}$

$g'(x) = 2x + 2 \cdot f(x) \cdot f'(x)$

$2x + 2 \cdot f(x) \cdot f'(x) = 0$

$g''(x) = 2 + 2 \cdot (f'(x)^2 + f(x) \cdot f''(x))$

Die gesuchten Stellen müssen also die Bedingung

$2x + 2 \cdot f(x) \cdot f'(x) = 0 \iff f'(x) = -x/f(x)$ erfüllen.

Wegen der Voraussetzung $f(x) > 0$ und $f''(x) > 0$ in D, gilt $g''(x) > 0$ in D, also insbesondere auch an den Stellen, die die Bedingung $f'(x) = -x/f(x)$ erfüllen; also hat die Funktion g an diesen Stellen wirklich lokale Minima. Da $e(x)$ über alle Schranken wächst, wenn x gegen $-\infty$ oder gegen $+\infty$ strebt, kommen die "Randwerte" als Minima hier nicht in Betracht.

$f'(x)$ gibt die Steigung der Kurventangente im Punkt $P(x;y)$ an, $-x/f(x)$ die Steigung der Senkrechten zur Verbindungsstrecke der Punkte $P(x;y)$ und $O(0;0)$. Damit kommen wir zu folgendem

Ergebnis: Die gesuchten Punkte sind dadurch charakterisiert, daß in ihnen die Kurventangente senkrecht zu ihrer Verbindung mit dem Nullpunkt steht.

Aufgabe IV.5

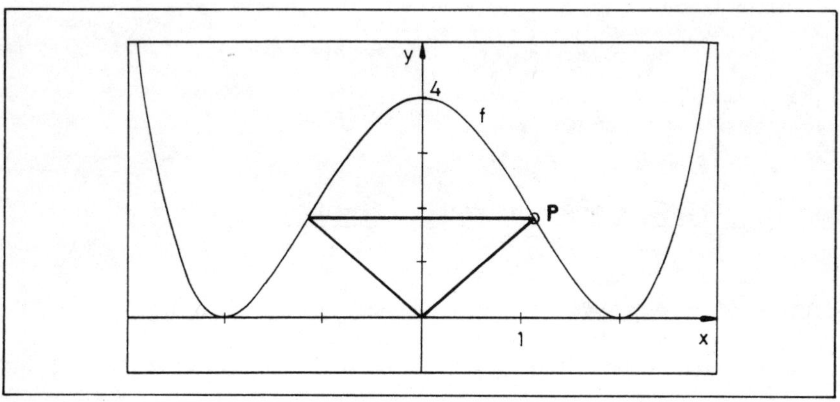

$$A(x,y) = (1/2)\cdot 2x\cdot y$$

$$= x\cdot y \qquad\qquad y = (1/4)\cdot(x^2 - 4)^2$$

$$a(x) = x\cdot(1/4)\cdot(x^2 - 4)^2$$

$$= (1/4)\cdot[x\cdot(x^2 - 4)^2], \quad 0 \le x \le 2$$

$$a'(x) = (1/4)\cdot[1\cdot(x^2 - 4)^2 + x\cdot 2\cdot(x^2 - 4)\cdot 2x]$$

$$= (1/4)\cdot(x^2 - 4)\cdot[(x^2 - 4) + 4x^2]$$

$$= (1/4)\cdot(x^2 - 4)\cdot[5x^2 - 4]$$

$$(x^2 - 4)\cdot[5x^2 - 4] = 0$$

$$x^2 - 4 = 0 \quad\vee\quad 5x^2 - 4 = 0$$

$$x^2 = 4 \quad\vee\quad x^2 = 0{,}8$$

$$x = 2 \quad\vee\quad x = \sqrt{0{,}8} \quad (0 \le x \le 2)$$

$$a(0) = 0,\ a(2) = 0,\ a(\sqrt{0{,}8}) > 0$$

Die Funktion a nimmt an der Stelle $\sqrt{0{,}8}$ ihr absolutes Maximum an.

Ergebnis: Um das Dreieck mit dem größten Flächenmaß zu erhalten, hat man $P_1(\sqrt{0{,}8};\ 2{,}56)$ und $P_2(-\sqrt{0{,}8};\ 2{,}56)$ als Basis-Endpunkte zu wählen.

Aufgabe IV.6

a) $A(t,w) = (1/2)\cdot 2t\cdot w = t\cdot w$

Nebenbedingung: $w = \dfrac{1}{1 + t^2}$

$$a(t) = t\cdot\frac{1}{1 + t^2} = \frac{t}{1 + t^2}$$

$D_a = \{t \mid 0 \le t \le 3\}$

$$a'(t) = \frac{1\cdot(1 + t^2) - t\cdot 2t}{(1 + t^2)^2} = \frac{1 - t^2}{(1 + t^2)^2}$$

$$1 - t^2 = 0 \iff t^2 = 1 \iff t = 1 \quad (\text{in } D_a)$$

$$a(0) = 0,\ a(3) = 0{,}3\ ,\ a(1) = 0{,}5$$

Ergebnis: Die Dreiecksfläche ist am größten, wenn man als Basis-Endpunkte die Kurvenpunkte $P_1(1;\ 0{,}5)$ und $P_2(-1;\ 0{,}5)$ wählt. Ihre Maßzahl ist 0,5.

b) $V(t,w) = (\pi/3)\cdot t^2\cdot w$

Nebenbedingung : $w = \dfrac{1}{1 + t^2}$

$$v(t) = (\pi/3)\cdot\frac{t^2}{1 + t^2}$$

$$D_v = \{t \mid 0 \le t \le 3\}$$

$$v'(t) = (\pi/3)\cdot\frac{2t\cdot(1 + t^2) - t^2\cdot 2t}{(1 + t^2)^2} = (\pi/3)\cdot\frac{2t + 2t^3 - 2t^3}{(1 + t^2)^2}$$

$$v'(t) = (\pi/3)\cdot\frac{2t}{(1 + t^2)^2}$$

$$2t = 0 \iff t = 0$$

Da v' in $]0;3[$ keine Nullstelle hat, hat v in diesem Intervall auch keine lokale Extremstelle.
Untersuchung der Randwerte:
$v(0) = 0$, $v(3) = (\pi/3)\cdot 3^2\cdot 0{,}1 = 0{,}3\cdot\pi$

Ergebnis: Das Kegelvolumen ist am größten, wenn man als Basis-Endpunkte des Achsenschnitts die Kurvenpunkte $P_1(3;0{,}1)$ und $P_2(-3;0{,}1)$ wählt. Seine Maßzahl ist $0{,}3\cdot\pi$.

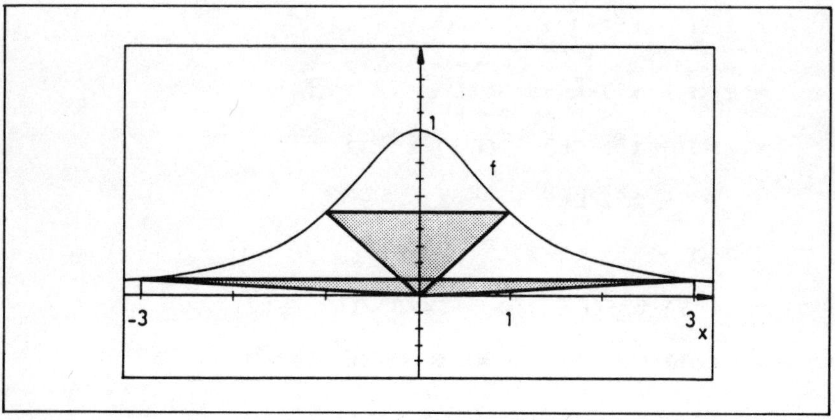

Zum Vergleich: Bei Rotation des Dreiecks mit maximalem Flächenmaß (Teilaufgabe a) entsteht ein Kegel mit der (kleineren) Volumenmaßzahl $\pi/6$.
($V(1, 0{,}5) = (\pi/3)\cdot 1^2\cdot 0{,}5 = \pi/6 \approx 0{,}167\cdot\pi < 0{,}3\cdot\pi$)

Aufgabe IV.8

Nullstellen von $f_t(x)$:

$$t - x^2/t = 0 \iff t^2 = x^2 \iff x = t \vee x = -t$$

Nullstellen von $g_t(x)$:

$$t^3 - tx^2 = 0 \iff t^2 = x^2 \iff x = t \vee x = -t$$

Aus dieser Rechnung folgt, daß sich die Graphen zu f_t und g_t auf der x-Achse in $S_1(-t;0)$ und $S_2(t;0)$ schneiden.
Für die Maßzahl der von den Graphen eines Funktionenpaars f_t und g_t eingeschlossenen Fläche erhält man

$$A(t) = 2\cdot\int_0^t (f_t(x) - g_t(x))dx$$

$$= 2\cdot\int_0^t (t - x^2/t - t^3 + tx^2)\,dx$$

$$= 2\cdot\int_0^t (t - t^3 + (t - 1/t)\cdot x^2)\,dx$$

$$= 2\cdot\int_0^t (t\cdot(1 - t^2) - (1/t)\cdot(1 - t^2)\cdot x^2)\,dx$$

$$= 2\cdot(1 - t^2)\cdot\int_0^t (t - (1/t)\cdot x^2)\,dx$$

$$= 2\cdot(1 - t^2)\cdot\Big[(tx - (1/t)\cdot x^3/3)\Big]_0^t$$

$$= 2\cdot(1 - t^2)\cdot[t^2 - (1/t)\cdot t^3/3]$$

$$= 2\cdot(1 - t^2)\cdot[t^2 - t^2/3]$$

$$= 2\cdot(1 - t^2)\cdot(2/3)t^2$$

$$A(t) = (4/3)\cdot t^2\cdot(1 - t^2) = (4/3)\cdot(t^2 - t^4)$$

$$A'(t) = (4/3)\cdot(2t - 4t^3) = (8/3)\cdot(t - 2t^3)$$

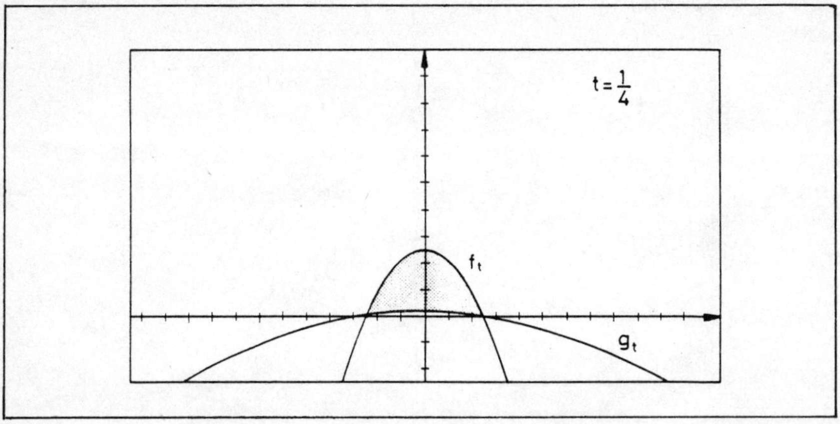

t = 1/4
f_t
g_t

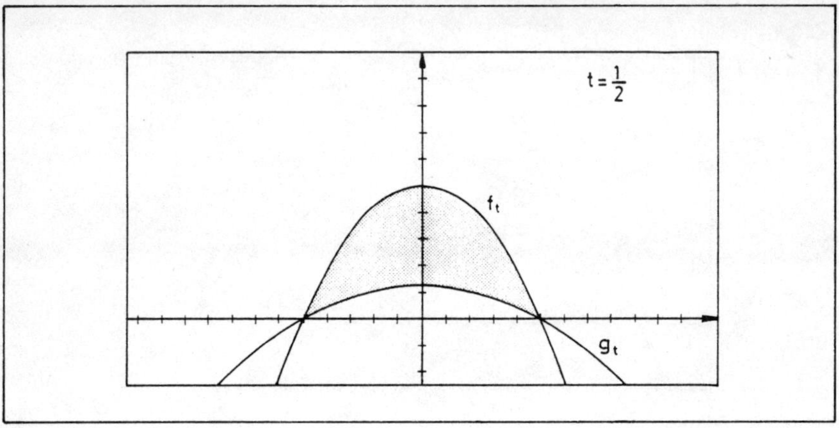

t = 1/2
f_t
g_t

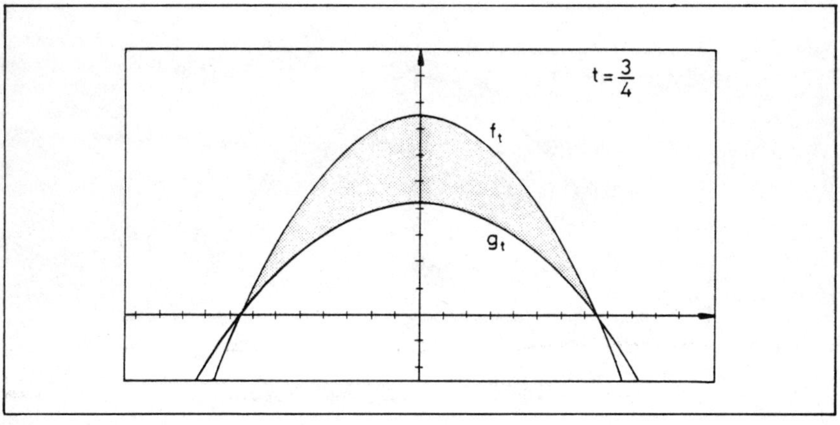

t = 3/4
f_t
g_t

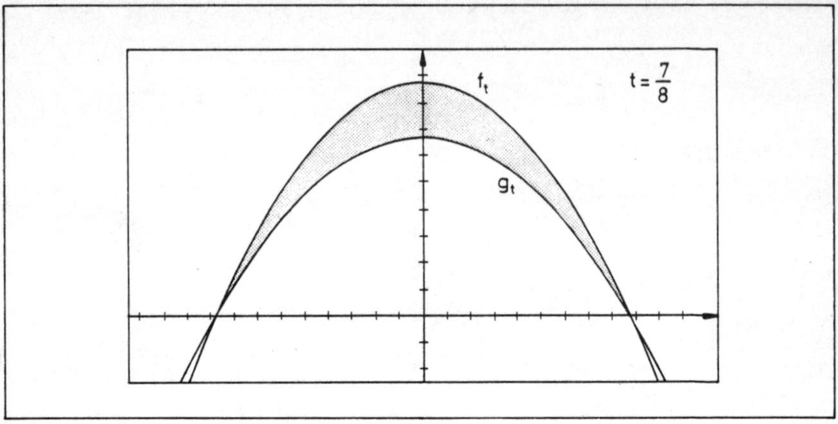
f_t
$t = \frac{7}{8}$
g_t

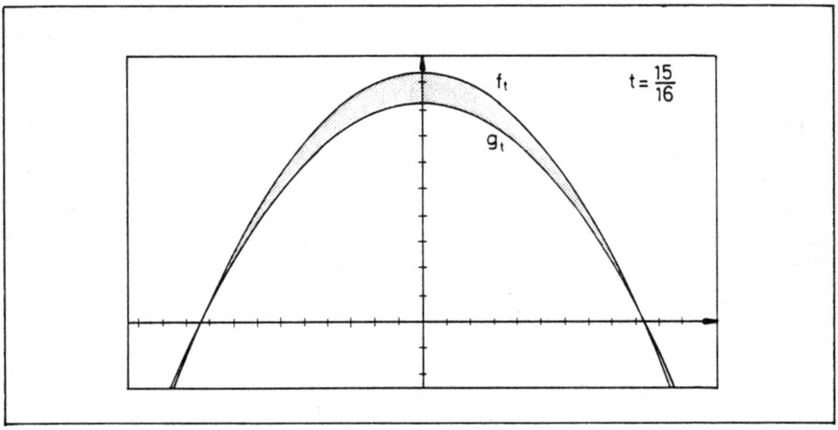
f_t
$t = \frac{15}{16}$
g_t

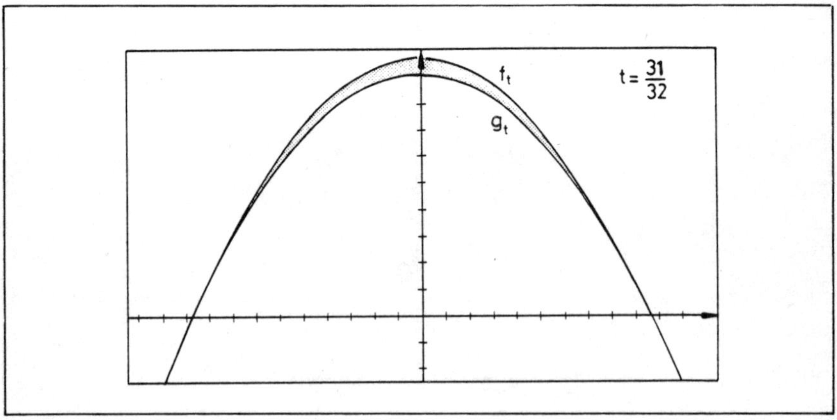
f_t
$t = \frac{31}{32}$
g_t

$t - 2t^3 = 0$

$t \cdot (1 - 2t^2) = 0$

$t = 0 \ \vee \ t = \sqrt{0{,}5} \ \vee \ t = -\sqrt{0{,}5}$

Die einzige im Intervall]0;1] liegende Nullstelle von A' ist

$\sqrt{0{,}5}$.

$A''(t) = (8/3) \cdot (1 - 6t^2)$

$A''(\sqrt{0{,}5}) = (8/3) \cdot (1 - 6 \cdot 0{,}5) < 0$

Die Funktion A hat also an der Stelle $\sqrt{0{,}5}$ ein lokales Maximum.

$A(t) \to 0$ für $t \to 0$, $A(1) = 0$,

$A(\sqrt{0{,}5}) = (4/3) \cdot 0{,}5 \cdot (1 - 0{,}5) = 1/3$

Ergebnis: Die von einem Graphenpaar eingeschlossene Fläche ist für $t = \sqrt{0{,}5}$ ($\approx 0{,}707$) am größten.

Aufgabe IV.9

Die Volumenmaßzahl V eines Körpers, der bei Rotation des Graphen von f um die x-Achse (zwischen den Grenzen a und b) entsteht, ist gegeben durch

$$V = \pi \cdot \int_a^b [f(x)]^2 dx$$

Da im vorliegenden Beispiel die rotierende Fläche von dem Funktionsgraphen und der x-Achse berandet wird, sind die Grenzen a und b hier die Nullstellen von $f_t(x)$.

Wir lösen also die Gleichung $f_t(x) = 0$.

$$t/(t+2)^2 \cdot x \cdot (x-2) = 0$$

$$\Longleftrightarrow \quad x \cdot (x-2) = 0$$

$$\Longleftrightarrow \quad x = 0 \ \vee \ x = 2$$

Die Integrationsgrenzen sind somit (unabhängig von t!) 0 und 2.

Wir erhalten für die Volumenmaßzahl den Term V(t) mit

$$V(t) = \pi \cdot \int_0^2 [f_t(x)]^2 dx$$

$$V(t) = \pi \cdot \int_0^2 t^2/(t+2)^4 \cdot x^2 \cdot (x-2)^2 dx$$

$$V(t) = \pi \cdot t^2/(t+2)^4 \cdot \int_0^2 x^2 \cdot (x-2)^2 dx$$

$$V(t) = \pi \cdot t^2/(t+2)^4 \cdot \int_0^2 (x^4 - 4x^3 + 4x^2) dx$$

$$V(t) = \pi \cdot t^2/(t+2)^4 \cdot \left[(1/5) \cdot x^5 - x^4 + (4/3) \cdot x^3\right]_0^2$$

$$V(t) = \pi \cdot t^2/(t+2)^4 \cdot ((1/5) \cdot 2^5 - 2^4 + (4/3) \cdot 2^3)$$

$$V(t) = \pi \cdot t^2/(t+2)^4 \cdot 2^4 \cdot (2/5 - 1 + 2/3)$$

$$V(t) = \pi \cdot t^2/(t+2)^4 \cdot 2^4 \cdot (1/15)$$

$$V(t) = (16/15) \cdot \pi \cdot t^2/(t+2)^4$$

Um das Maximum dieses Terms V(t) zu ermitteln, lösen wir zunächst die Gleichung $V'(t) = 0$.

$$V(t) = (16/15) \cdot \pi \cdot \frac{t^2}{(t+2)^4}$$

$$V'(t) = (16/15) \cdot \pi \cdot \frac{2t \cdot (t+2)^4 - t^2 \cdot 4 \cdot (t+2)^3}{(t+2)^8}$$

$$V'(t) = (16/15) \cdot \pi \cdot \frac{2t \cdot (t+2) - 4t^2}{(t+2)^5}$$

$$V'(t) = (16/15) \cdot \pi \cdot \frac{4t - 2t^2}{(t+2)^5}$$

$$4t - 2t^2 = 0$$

$$2t \cdot (2 - t) = 0$$

$$t = 0 \vee t = 2$$

Den Bedingungen der Aufgabe entsprechend kommt nur 2 als Extremstelle t_E in Betracht.

Aus $V'(t) = (16/15) \cdot \pi \cdot \frac{4t - 2t^2}{(t+2)^5}$

erhält man $V''(tE) = (16/15) \cdot \pi \cdot \frac{4 - 4t_E}{(t_E+2)^5}$, also $V''(2) < 0$ (vgl. Anhang 2, Satz 4).

Die Funktion V hat also an der Stelle 2 ein lokales Maximum.

Wegen $V(t) \to 0$ für $t \to \infty$, $V(t) \to 0$ für $t \to 0$ und $V(2) > 0$ ist das lokale Maximum auch das absolute.

Ergebnis: Das Volumen des beschriebenen Rotationskörpers ist für den Graphen der Funktion f_2 mit

$f_2(x) = (1/8) \cdot x \cdot (x-2)$

am größten. Es beträgt $V(2)$, also $\pi/60$ Volumeneinheiten.

Anmerkung: Wir haben hier die Aufgabe standardmäßig gelöst. Günstiger ist der folgende Weg:
Nach Anhang 2, Satz 6 kann man statt der Funktion V mit

$V(t) = \pi \cdot t^2/(t+2)^4 \cdot \int_0^2 x^2 \cdot (x-2)^2 dx$ die Funktion W mit

$W(t) = t^2/(t+2)^4$ betrachten; denn $\pi \cdot \int_0^2 x^2 \cdot (x-2)^2 dx$ ist eine positive Konstante.
Nach Anhang 2, Satz 5 wiederum kann man statt der Funktion W die Funktion U mit $U(t) = t/(t+2)^2$ untersuchen.
Die Funktion U ist natürlich viel "handlicher" als V! Probieren Sie's aus!

Aufgabe V.1

$V(r,h) = \pi \cdot r^2 h$

Nebenbedingung: $r^2 + (h/2)^2 = R^2$

$$r^2 = R^2 - (h/2)^2$$

$v(h) = \pi \cdot (R^2 - (h/2)^2) \cdot h$

$v(h) = \pi \cdot (R^2 h - h^3/4), \quad 0 \leq h \leq 2R$

$v'(h) = \pi \cdot (R^2 - 3h^2/4)$

$$R^2 - 3h^2/4 = 0$$

$$h^2 = (4/3) \cdot R^2$$

$$h = (2/\sqrt{3}) \cdot R$$

$$h = \frac{2}{3} R \cdot \sqrt{3}$$

$v''(h) = \pi \cdot (-(3/2) \cdot h)$

Die Funktion v hat für $h = (2/\sqrt{3}) \cdot R$ ein lokales Maximum. Wegen $v(0) = 0$, $v(2R) = 0$ und $v((2/\sqrt{3}) \cdot R) > 0$ ist das lokale Maximum auch das gesuchte absolute.

Aus $r^2 = R^2 - (h/2)^2$
und $h = (2/\sqrt{3}) \cdot R$ folgt

$$r^2 = R^2 - (1/3) \cdot R^2$$

$$r^2 = (2/3) \cdot R^2$$

$$r = (\sqrt{2}/\sqrt{3}) \cdot R$$

$$r = \frac{1}{3} R \cdot \sqrt{6}$$

Ergebnis: Durchmesser und Höhe des Zylinders mit maximalem Volumen haben die Maßzahlen $\frac{2}{3} \cdot R \cdot \sqrt{6}$ bzw. $\frac{2}{3} \cdot R \cdot \sqrt{3}$. Durchmessermaß und Höhenmaß verhalten sich also wie $\sqrt{2} : 1$.
($\sqrt{6} : \sqrt{3} = \sqrt{3} \cdot \sqrt{2} : \sqrt{3} = \sqrt{2} : 1$).
Der diesem Zylinder einbeschriebene Quader mit quadratischer Grundfläche ist ein Würfel!

Aufgabe V.2

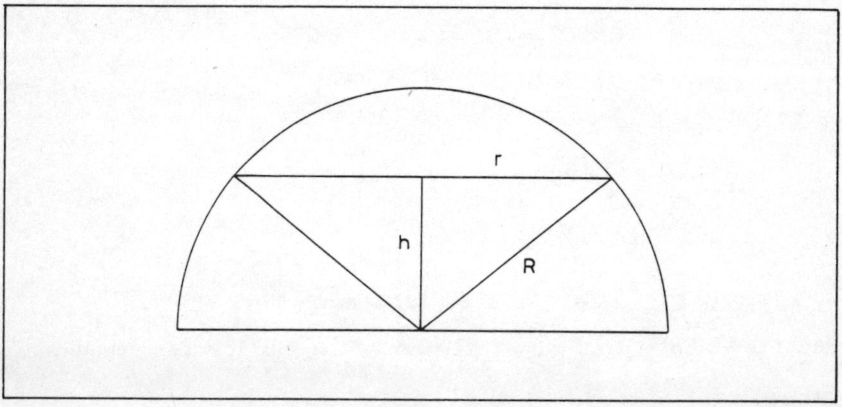

$V(r,h) = (1/3)\cdot\pi\cdot r^2\cdot h$ $\qquad r^2 + h^2 = R^2$

$r^2 = R^2 - h^2$

$v(h) = (1/3)\cdot\pi\cdot(R^2 - h^2)\cdot h$

Im weiteren verläuft die Lösung wie die von Aufgabe III.2, da sich der vorliegende Funktionsterm v(h) von dem in Aufgabe III.2 nur durch den Faktor 1/3 unterscheidet (vgl. Anhang 2, Satz 6!).

Aufgabe V.3

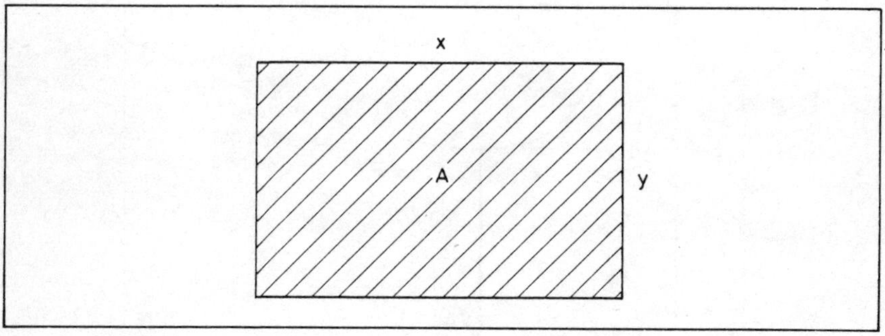

$U(x,y) = 2\cdot(x + \mathbf{y})$ $\qquad x\cdot y = A$

$\mathbf{y} = \mathbf{A/x}$

$u(x) = 2\cdot(x + \mathbf{A/x})$

$u(x) = 2 \cdot (x + A \cdot x^{-1})$

$u'(x) = 2 \cdot (1 - A \cdot x^{-2})$

$1 - A \cdot x^{-2} = 0$

$x^2 - A = 0$

$x^2 = A$

$x = \sqrt{A}$

$u''(x) = 2 \cdot (0 + 2 \cdot A \cdot x-3)$

$= 4 \cdot A / x^3$

$u''(x) > 0$ für alle $x \in D_u$, also auch für $x = \sqrt{A}$.

Die Funktion u hat somit für $x = \sqrt{A}$ ein lokales Minimum.

Wegen $u(x) \to \infty$ für $x \to 0$

und $u(x) \to \infty$ für $x \to \infty$ ist das lokale Minimum auch das absolute.

Aus $y = A/x$ folgt für $x = \sqrt{A}$

$y = A/\sqrt{A}$, also $y = \sqrt{A}$.

Die beiden Seiten sind somit gleich lang.

Ergebnis: Von allen Rechtecken mit gleichgroßer Fläche hat das Quadrat den kleinsten Umfang.

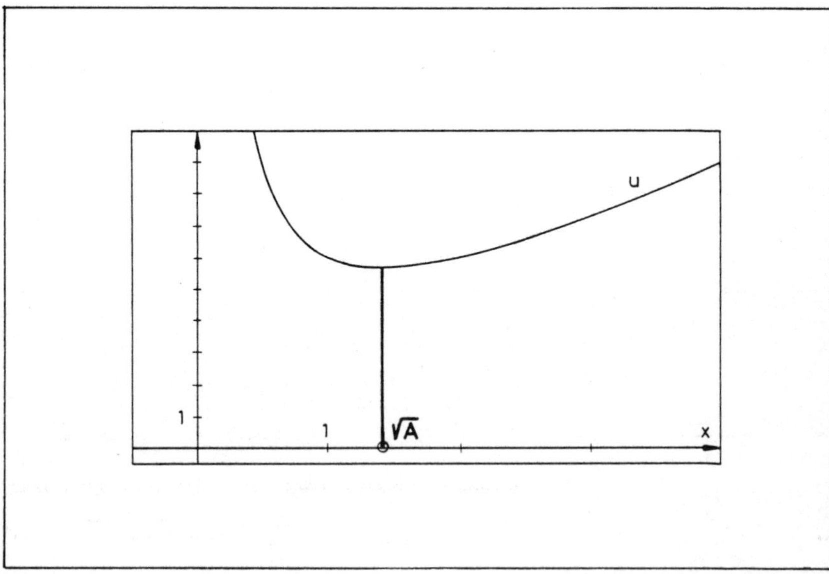

Aufgabe V.4

Um die Rechnung zu vereinfachen, setzen wir $\alpha = \varphi/2$.
Damit erhalten wir

$$A(\alpha) = \underbrace{(1/2)\cdot(2b\cdot\sin\alpha)\cdot(b\cdot\cos\alpha)}_{\text{(Dreieck)}} + \underbrace{b\cdot 2b\cdot\sin\alpha}_{\text{(Rechteck)}}$$

$$= b^2\cdot\sin\alpha\cdot\cos\alpha + 2b^2\cdot\sin\alpha$$

$$= b^2\cdot[\sin\alpha\cdot(\cos\alpha + 2)]$$

$D_A = \{\alpha \mid 0 \le \alpha \le \pi/2\}$ ($\{\alpha \mid 0^\circ \le \alpha \le 90^\circ\}$)

$$A'(\alpha) = b^2\cdot[\cos\alpha\cdot(\cos\alpha + 2) + \sin\alpha\cdot(-\sin\alpha)]$$

$$= b^2\cdot[\cos^2\alpha + 2\cos\alpha - \sin^2\alpha]$$

Wegen $\sin^2\alpha = 1 - \cos^2\alpha$ folgt

$$A'(\alpha) = b^2\cdot[\cos^2\alpha + 2\cos\alpha - 1 + \cos^2\alpha]$$

$$= b^2\cdot[2\cos^2\alpha + 2\cos\alpha - 1]$$

$$2\cos^2\alpha + 2\cos\alpha - 1 = 0$$

$$\iff \cos^2\alpha + \cos\alpha - 0{,}5 = 0$$

$$\iff \cos\alpha = -0{,}5 + \sqrt{0{,}25 + 0{,}5}$$

$$\vee \cos\alpha = -0{,}5 - \sqrt{0{,}25 + 0{,}5} \quad (\approx -1{,}366 < -1\ !)$$

$$\iff \cos\alpha = -0{,}5 + \sqrt{0{,}75}$$

$$\cos\alpha \approx 0{,}366$$

$$\alpha \approx 0{,}38\cdot\pi\ (68{,}53^\circ)$$

$$\varphi \approx 0{,}76\cdot\pi\ (137^\circ)$$

Vergleich mit den Randwerten:

$A(0) = 0$, $A(\pi/2) = 2b^2$, $A(0{,}38\pi) \approx 2{,}2\cdot b^2$

Berechnung des Abstands der senkrecht stehenden Bretter:

$a = 2b\cdot\sin\alpha \approx 1{,}86\cdot b$

Ergebnis: Die Querschnittsfläche der Rinne ist am größten, wenn die innereren Bretter einen Winkel von 137° (gerundet) bilden. Der Abstand der beiden senkrecht stehenden Bretter beträgt (gerundet) $1{,}86\cdot b$

Aufgabe V.5

Sind x und y die Variablen für die Seitenmaßzahlen des Rechtecks, so folgt für dessen Umfang

$U(x,y) = 2 \cdot (x + y)$

Aus dem Satz des Pythagoras ergibt sich die Nebenbedingung

$$x^2 + y^2 = (2r)^2$$

$$\iff y^2 = 4r^2 - x^2$$

$$\iff y = \sqrt{4r^2 - x^2}$$

$$u(x) = 2 \cdot \left(x + \sqrt{4r^2 - x^2} \right), \qquad D_u = \{x \mid 0 \leq x \leq 2r\}$$

$$u'(x) = 2 \cdot \left(1 - \frac{x}{\sqrt{4r^2 - x^2}} \right)$$

$$1 - \frac{x}{\sqrt{4r^2 - x^2}} = 0$$

$$\sqrt{4r^2 - x^2} = x$$

$$4r^2 - x^2 = x^2$$

$$4r^2 = 2x^2$$

$$x^2 = 2r^2$$

$$x = r \cdot \sqrt{2}$$

$$u''(x) = 2 \cdot \left(- \frac{\sqrt{4r^2 - x^2} - x \cdot (-x) / \sqrt{4r^2 - x^2}}{4r^2 - x^2} \right)$$

$$u''(x) = 2 \cdot \left(- \frac{4r^2 - x^2 + x^2}{\sqrt{(4r^2 - x^2)^3}} \right) = -2 \cdot \frac{4r^2}{\sqrt{(4r^2 - x^2)^3}}$$

$u''(x) < 0$ für alle $x \in D_u$.

Der Term $u(x)$ hat also für $x = r \cdot \sqrt{2}$ ein lokales Maximum.

Vergleich mit den Randwerten:

$u(0) = 4r$, $u(2r) = 4r$, $u(r \cdot \sqrt{2}) = 4r \cdot \sqrt{2}$

Das lokale Maximum ist auch das absolute.

Aus $x = r \cdot \sqrt{2}$ folgt $y = r \cdot \sqrt{2}$.

Das gesuchte Rechteck ist ein Quadrat.

Rechnerisch einfacher wird die Lösung, wenn man Winkelfunktionen einsetzt:

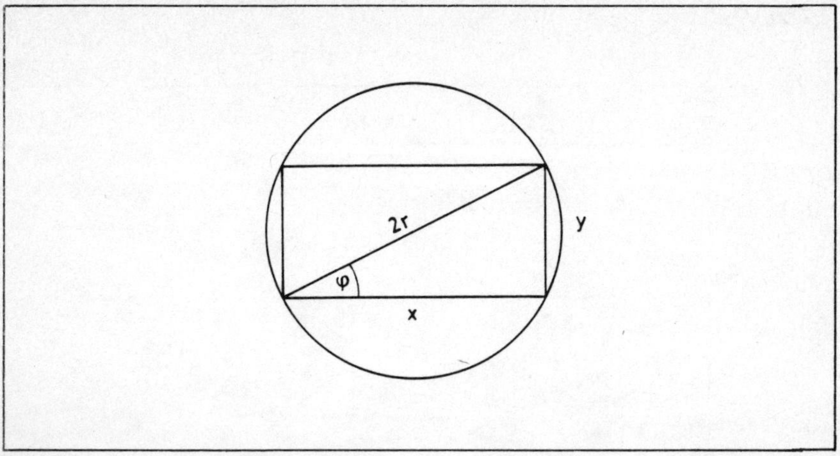

$U(x,y) = 2 \cdot (x + y)$ $\qquad x = 2r \cdot \cos\varphi$

$\qquad y = 2r \cdot \sin\varphi$

$u(\varphi) = 2 \cdot (2r \cdot \cos\varphi + 2r \cdot \sin\varphi)$

$u(\varphi) = 4r \cdot (\cos\varphi + \sin\varphi)$

$u'(\varphi) = 4r \cdot (-\sin\varphi + \cos\varphi)$

$-\sin\varphi + \cos\varphi = 0$

$\Longleftrightarrow \quad \cos\varphi = \sin\varphi$

$\Longleftrightarrow \quad 1 = \sin\varphi / \cos\varphi \quad (0 < \varphi < \pi/2)$

$\Longleftrightarrow \quad 1 = \tan\varphi$

$\Longleftarrow \quad \varphi = \pi/4 \ (45^{\circ})$

$u''(\varphi) = 4r \cdot (-\cos\varphi - \sin\varphi) = -4r \cdot (\cos\varphi + \sin\varphi)$

$u''(\pi/4) = -4r \cdot (\cos(\pi/4) + \sin(\pi/4)) < 0$

Den Vergleich mit den Randwerten übergehen wir hier.

Aus $\varphi = \pi/4$ folgt:

$x = 2r \cdot \cos(\pi/4)$

$y = 2r \cdot \sin(\pi/4)$,

also wegen $\cos(\pi/4) = \sin(\pi/4)$:

$x = y$.

Die Lösung ist natürlich wie oben ein Quadrat.

Aufgabe V.6

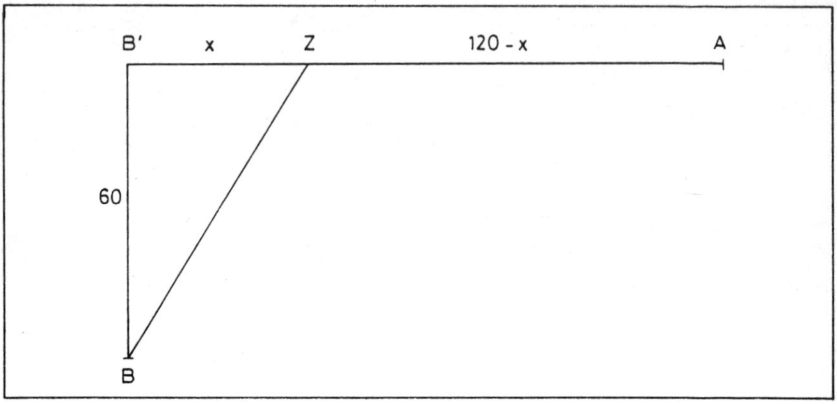

	Arbeit horizontal	Arbeit "in die Tiefe"
Länge in m	$120 - x$	$\sqrt{x^2 + 60^2}$
Kosten in DM/m	H	2H
Kosten in DM	$H \cdot (120 - x)$	$2H \cdot \sqrt{x^2 + 60^2}$

Gesamtkosten

$$K(x) = H \cdot (120 - x) + 2H \cdot \sqrt{x^2 + 60^2}$$

$$= H \cdot \left(120 - x + 2 \cdot \sqrt{x^2 + 60^2}\right), \quad D_K = \{x \mid 0 \leq x \leq 120\}$$

$$K'(x) = H \cdot \left(-1 + 2 \cdot \frac{2x}{2 \cdot \sqrt{x^2 + 60^2}} \right)$$

$$K'(x) = H \cdot \left(-1 + 2 \cdot \frac{x}{\sqrt{x^2 + 60^2}} \right)$$

$$-1 + 2 \cdot \frac{x}{\sqrt{x^2 + 60^2}} = 0$$

$$2 \cdot \frac{x}{\sqrt{x^2 + 60^2}} = 1$$

$$2x = \sqrt{x^2 + 60^2}$$

$$4x^2 = x^2 + 60^2$$

$$3x^2 = 3600$$

$$x^2 = 1200$$
$$x^2 = 400 \cdot 3$$
$$x = 20 \cdot \sqrt{3}$$
$$x \approx 34{,}64$$

Vergleich mit den Randwerten:

$K(0) = H \cdot (120 + 2 \cdot 60) = 240H$

$K(120) = H \cdot (0 + 2 \cdot \sqrt{120^2 + 60^2}\,) = 2H \cdot \sqrt{2^2 \cdot 60^2 + 60^2}$

$= 2H \cdot 60 \cdot \sqrt{2^2 + 1} = 120H \cdot \sqrt{5} \approx 268{,}3 \cdot H$

$K(20 \cdot \sqrt{3}\,) = H \cdot (120 - 20 \cdot \sqrt{3} + 2 \cdot \sqrt{1200 + 3600}\,)$

$= H \cdot (120 - 20 \cdot \sqrt{3} + 2 \cdot \sqrt{1600 \cdot 3}\,)$

$= H \cdot (120 - 20 \cdot \sqrt{3} + 2 \cdot 40 \cdot \sqrt{3}\,)$

$= H \cdot (120 + 60 \cdot \sqrt{3}\,)$

$= H \cdot 60 \cdot (2 + \sqrt{3}\,)$

$\approx 223{,}9 \cdot H$

Ergebnis: Die Kostenfunktion K hat für $x = 20 \cdot \sqrt{3}$ ihr absolutes Minimum. Die Abzweigstelle muß also ca. 85,4 m von A entfernt liegen ($120 - 20 \cdot \sqrt{3} \approx 85{,}4$).

Aufgabe V.7

Zielfunktionsterm: $E(x,y) = \sqrt{(x - 1)^2 + y^2}$

Nebenbedingung: $y = \sqrt{1 + x^2}$

$e(x) = \sqrt{(x - 1)^2 + 1 + x^2}$

$g = e^2$

$g(x) = (x - 1)^2 + 1 + x^2$

$g'(x) = 2(x - 1) + 2x$

$$2(x - 1) + 2x = 0$$
$$(x - 1) + x = 0$$
$$2x = 1$$
$$x = 0{,}5$$

$g''(x) = 4 \implies g''(0{,}5) = 4$

An der Stelle 0,5 hat die Funktion g und damit auch die Funktion e ein lokales Minimum.

$e(x) \to \infty$ für $x \to \infty$, $e(x) \to \infty$ für $x \to -\infty$

Das lokale Minimum ist auch das absolute.

Ergebnis: Der Kurvenpunkt mit der kürzesten Entfernung von P(1;0) ist $Q(0{,}5;\ 0{,}5 \cdot \sqrt{5})$.

Vorsicht: Die "5" geht harmlos "leicht ins Ohr", aber bitte nicht bei der nächsten Mathematik-Klausur!

Aufgabe V.8

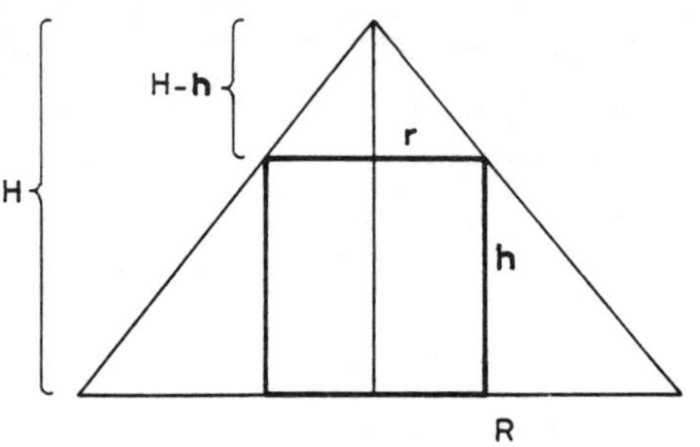

$M(r,h) = 2\pi rh$ $\qquad \dfrac{H - h}{H} = \dfrac{r}{R}$

$$r = \frac{R}{H} \cdot (H - h)$$

$m(h) = 2\pi \cdot (R/H) \cdot (H - h) \cdot h, \quad D_m = \{h \mid 0 \leq h \leq H\}$

$m(h) = (2\pi R/H) \cdot (H \cdot h - h^2)$

$m'(h) = (2\pi R/H) \cdot (H - 2h)$

$$H - 2h = 0$$
$$H = 2h$$
$$h = H/2$$

$m''(h) = (2\pi R/H) \cdot (-2)$

$m''(h) < 0$ für *alle* $h \in D_m$

Die Funktion m hat für h = H/2 ein lokales Maximum.
Wegen m(0) = 0, m(H) = 0, m(H/2) > 0 ist das lokale Maximum ist auch das absolute.
Aus $r = (R/H) \cdot (H - h)$ und $h = H/2$ folgt

$$r = (R/H) \cdot (H - H/2)$$

$r = (R/H)\cdot(H/2)$

$r = R/2$

Ergebnis: Bei dem gesuchten (und inzwischen gefundenen) Zylinder sind Radius und Höhe halb so lang wie beim vorgegebenen Kegel.

Aufgabe V.9

Der erste Graph ist eine nach unten geöffnete Parabel zweiten Grades mit dem Hochpunkt H(0;1); er schneidet die x-Achse in $P_1(-1;0)$ und $P_2(1;0)$.

Der zweite Graph ist eine nach oben geöffnete Parabel zweiten Grades mit dem Tiefpunkt T(0;-8); er schneidet die x-Achse in $Q_1(-\sqrt{1,6}\,;\,0)$ und $Q_2(\sqrt{1,6}\,;\,0)$.

Berechnung der Schnittstellen der beiden Graphen:

$$1 - x^2 = 5x^2 - 8 \iff 9 = 6x^2 \iff x^2 = 1,5$$

$$\iff x = \sqrt{1,5} \vee x = -\sqrt{1,5}$$

$A(u,b) = 2\cdot u\cdot b$

Nebenbedingung:

$b = f(u) - g(u) = 1 - u^2 - 5u^2 + 8 = 9 - 6u^2$

$a(u) = 2u\cdot(9 - 6u^2),\quad D_a = \{u \mid 0 \le u \le \sqrt{1,5}\}$

$\quad = 2\cdot(9u - 6u^3)$

$a'(u) = 2\cdot(9 - 18u^2)$

$\quad = 18\cdot(1 - 2u^2)$

$1 - 2u^2 = 0$

$u^2 = 0,5$

$u = \sqrt{0,5} \approx 0,71$

$a''(u) = -72\,u$

$a''(\sqrt{0,5}) < 0$

Vergleich mit den Randwerten:

$a(0) = 0,\quad a(\sqrt{1,5}) = 0,\quad a(\sqrt{0,5}) > 0$

Die Funktion a hat an der Stelle $\sqrt{0,5}$ ein lokales Maximum, das zugleich das absolute ist.

Aufgabe VII.2

1a) Da f die Nullstellen −2 und 4 hat, ist der Term f(x) von der Form

$f(x) = a\cdot(x+2)\cdot(x-4)$ oder $f(x) = a\cdot(x^2 - 2x - 8)$

Der Faktor a ist durch die Bedingung $f'(4) = -2$ festgelegt.
Wegen $f'(x) = a\cdot(2x - 2)$ erhält man

$a\cdot(8 - 2) = -2 \iff 6a = -2 \iff a = -1/3$

Der gesuchte Funktionsterm ist also

$f(x) = (-1/3)\cdot(x^2 - 2x - 8)$

Man hätte natürlich auch den Term f(x) in der Form $ax^2 + bx + c$ ansetzen können, und das der Bedingung

$f(-2) = 0 \wedge f(4) = 0 \wedge f'(4) = -2$

entsprechende Gleichungssystem von drei Gleichungen in den drei Variablen $a,b,c \in \mathbb{R}$ lösen können.

b)

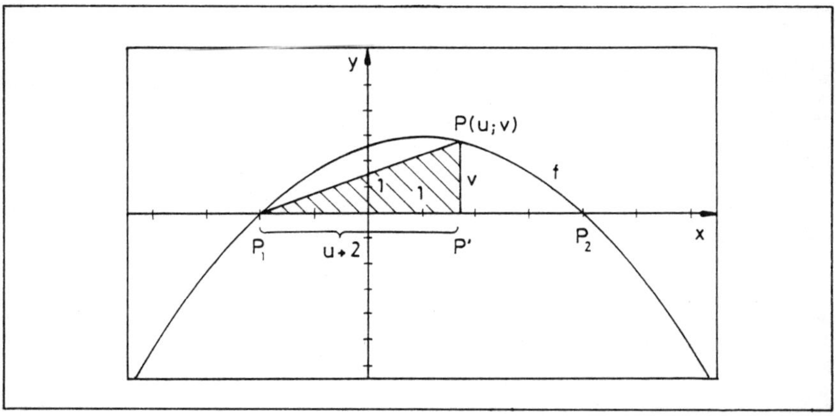

Der auf dem Graphen von f liegende Punkt P habe die Koordinaten u und v.
Damit erhält man für die Flächenmaßzahl des auf ein Maximum hin zu untersuchenden Dreiecks

$A(u,v) = (1/2)\cdot(2+u)\cdot v$.

Da P auf dem Graphen von f liegt, läßt sich v mittels der Nebenbedingung

$v = f(u) = (-1/3)\cdot(u^2-2u-8)$

durch u ausdrücken. Man erhält

$a(u) = (1/2)\cdot(2+u)\cdot(-1/3)\cdot(u^2-2u-8) \quad (-2 \leq u \leq 4)$

$a(u) = (-1/6)\cdot(2+u)\cdot(u^2-2u-8)$

$a(u) = (-1/6)\cdot(2u^2-4u-16+u^3-2u^2-8u)$

$a(u) = (-1/6)\cdot(u^3-12u-16)$

$a'(u) = (-1/6)\cdot(3u^2-12)$

Die notwendige Bedingung für Extremstellen führt zu der Gleichung

$3u^2 - 12 = 0$

$u^2 = 4$

$u = 2 \quad \vee \quad u = -2$

Nur die Stellen 2 und -2 kommen als Extremstellen in Betracht. Wegen

$a''(u) = (-1/6)\cdot 6u = -u$

erhält man

$a''(2) < 0$

Da $a'(2) = 0 \quad \wedge \quad a''(2) < 0$, hat a(u) an der Stelle 2 ein lokales Maximum.

Die andere Nullstelle (-2) von a' ist Randstelle des Definitionsintervalls der Funktion a.

Für die Randwerte a(-2) und a(4) gilt a(-2)=0 bzw. a(4)=0.

Das lokale Maximum ist somit auch das gesuchte globale.

Ergebnis: Das beschriebene Dreieck hat genau dann das größte Flächenmaß, wenn man P(2; 8/3) als dritten Punkt wählt. Das Flächenmaß beträgt 16/3.

c) Die Menge aller Funktionen F mit F'=f, also die Menge aller Stammfunktionen zu f ist gegeben durch

$$F(x) = \int f(x)\,dx = \int(-1/3\cdot(x^2-2x-8))dx$$

$$= (-1/3)\cdot\int(x^2-2x-8)\,dx$$

$$= -(1/3)\cdot((1/3)x^3 - x^2 - 8x + C)$$

Da der Graph von F durch den Punkt Q(1;0) verlaufen soll, ist C so zu wählen, daß die Bedingung F(1)=0 erfüllt wird. C erhält man also aus der Gleichung

$0 = (-1/3)(\ 1/3 - 1 - 8 + C) \iff 0 = 1/3 - 9 + C$

$\iff\ 26/3 = C$

Der gesuchte Funktionsterm ist also

$F(x) = -\ (1/3)\cdot(\ (1/3)x^3 - x^2 - 8x + 26/3\ )$ oder

$F(x) = -\ 1/9\cdot(x^3 - 3x^2 - 24x + 26)$

d) (1) *Extremstellen*

- 2 und 4 sind Nullstellen mit Vorzeichenwechsel von f. Wegen F' = f sind diese Stellen auch Nullstellen mit Vorzeichenwechsel von F' und damit Extremstellen von F.

(2) *Wendestelle*

Der Mittelwert 1 der beiden Nullstellen -2 und 4 ist (die einzige) Extremstelle von f, also wegen F'=f auch (einzige) Extremstelle von F'. Extremstellen von F' sind nach Definition Wendestellen von F. Somit ist 1 (einzige) Wendestelle von F.

Die Verhältnisse lassen sich durch die folgende Zeichnung verdeutlichen.

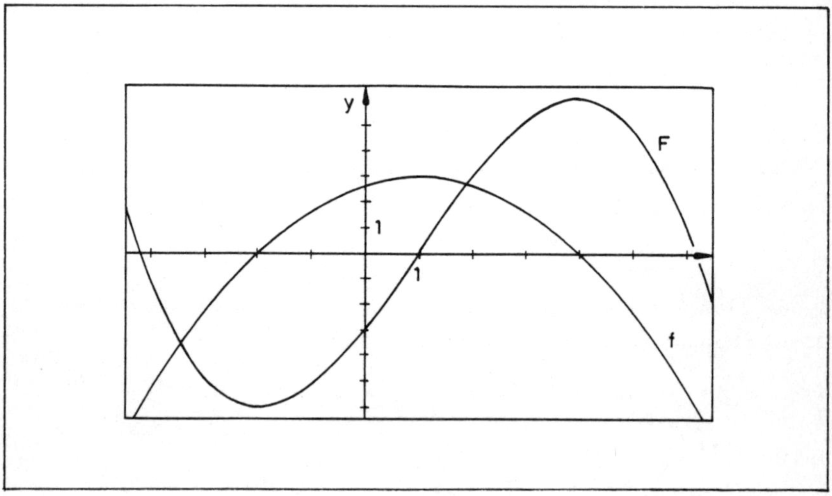

e) Die Nullstellen von F sind die Lösungen der Gleichung

$x^3 - 3x^2 - 24x + 26 = 0$.

Eine Nullstelle von F und damit Lösung dieser Gleichung ist 1 (vgl. die Angaben unter b).

Der zu untersuchende Term dritten Grades läßt sich daher als Produkt aus dem Linearfaktor (x-1) und einem quadratischen Term darstellen.

Um diesen quadratischen Term zu erhalten, dividieren wir den gegebenen Term dritten Grades durch (x-1):

$$
\begin{array}{l}
(x^3 - 3x^2 - 24x + 26) : (x - 1) = x^2 - 2x - 26 \\
\underline{\;x^3 - \;x^2\qquad} \\
\quad - 2x^2 - 24x \\
\quad \underline{- 2x^2 + \;\;2x} \\
\qquad\qquad - 26x + 26 \\
\qquad\qquad \underline{- 26x + 26} \\
\qquad\qquad\qquad\quad 0
\end{array}
$$

Unser Term dritten Grades hat noch zwei weitere Nullstellen, die man durch Lösen der quadratischen Gleichung

$x^2 - 2x - 26 = 0$ erhält:

$$x^2 - 2x - 26 = 0$$

$$\Longleftrightarrow \quad x = 1 + \sqrt{1 + 26} \quad \vee \quad x = 1 - \sqrt{1 + 26}$$

Die drei gesuchten Nullstellen sind somit

$x_1 = 1, \quad x_2 = 1 + \sqrt{27} \approx 6{,}1 \,, \quad x_3 = 1 - \sqrt{27} \approx - 4{,}1$

Der Graph von F wurde bereits oben unter d) gezeigt.

f) Die Terme der Stammfunktionen F^* zu $f^* = k \cdot f$ erhält man aus

$$F^*(x) = \int f^*(x)\,dx = \int (k \cdot f(x))\,dx = k \cdot \int f(x)\,dx$$

$$= k \cdot (-1/3) \cdot ((1/3)x^3 - x^2 - 8x + C^*)$$

Da der Graph von F^* wieder durch den Punkt Q(1;0) verlaufen soll, ist C^* so zu wählen, daß die Bedingung $F^*(1) = 0$ erfüllt wird.

C^* erhält man also aus der Gleichung

$$0 = k \cdot (-1/3)(1/3 - 1 - 8 + C^*) \quad \Longleftrightarrow \quad 0 = 1/3 - 9 + C^*$$

$$\Longleftrightarrow \quad 26/3 = C^*$$

Der gesuchte Funktionsterm ist also

$F^*(x) = k \cdot (-1/3)((1/3)x^3 - x^2 - 8x + 26/3)$ oder

$F^*(x) = k \cdot F(x)$

Der Graph von F wird also genauso verzerrt wie der Graph von f.

Aufgabe VII.3

a)

(1) *Induktionsanfang*

Man erhält durch Ableitung von f nach der Produktregel

$f'(x) = f^{(1)}(x) = (1-x) \cdot e^{1-x} = (-1)^{1+1} \cdot (1-x) \cdot e^{1-x}$;

die Aussage ist also für n=1 richtig.

(2) *Der Schluß von n auf n+1*

Es ist zu zeigen: Für alle $n \in \mathbf{N}$ gilt:

$$f^{(n)}(x) = (-1)^{n+1} \cdot (n-x) \cdot e^{1-x}$$

$$\Longrightarrow \quad f^{(n+1)}(x) = (-1)^{n+2} \cdot (n+1-x) \cdot e^{1-x}$$

Beweis: Wir bilden $f^{(n+1)}(x)$, indem wir $f^{(n)}(x)$ nach der Produktregel ableiten.

$$f^{(n+1)}(x) = [(-1)^{n+1} \cdot (n-x) \cdot e^{1-x}]'$$

$$= (-1)^{n+1} \cdot [(-1) \cdot e^{1-x} + (n-x) \cdot e^{1-x} \cdot (-1)]$$

$$= (-1)^{n+1} \cdot (-1) \cdot [e^{1-x} + (n-x) \cdot e^{1-x}]$$

$$= (-1)^{n+2} \cdot (n+1-x) \cdot e^{1-x}$$

Erläuterung des Beweisverfahrens:

Unter (1) wurde gezeigt, daß die Aussage für die Zahl 1 gilt.

Da, wie unter (2) bewiesen, der Schluß von 1 auf den Nachfolger 2 möglich ist, gilt die Aussage auch für die Zahl 2.

Da, wie unter (2) bewiesen, der Schluß von 2 auf den Nachfolger 3 möglich ist, gilt die Aussage auch für die Zahl 3.

Entsprechend folgt die Gültigkeit der Aussage für die Zahlen 4, 5, 6 . . . . Die Aussage gilt also für alle natürlichen Zahlen.

b) Die *Definitionsmenge* ist $\mathbb{D}=\mathbb{R}$

Einzige *Nullstelle* ist wegen $e^{1-x} > 0$ für alle $x \in \mathbb{R}$

$x_o = 0$.

Extremstellen

Wegen $f'(x) = 0 \iff 1-x = 0$ kommt als Extremstelle nur

$x_E = 1$ in Betracht.

$f''(x) = (-1)^3 \cdot (2-x) \cdot e^{1-x}$

Da $f''(x_E) < 0$, hat f an der Stelle x_E ein lokales

Maximum.

Wendestellen

Wegen $f''(x) = 0 \iff 2-x = 0$ kann nur $x_W = 2$ Wendestelle sein.

$f'''(x) = (3-x)\ e^{1-x}$

Weil $f'''(0) > 0$, ist W Rechts-Links-Wendepunkt.

Verhalten für betragsmäßig große x-Werte

$\lim\limits_{x \to \infty} f(x) = 0^+$ (nach der Regel von de l'Hospital)

$\lim\limits_{x \to -\infty} f(x) = -\infty$ (da $x \to -\infty$ und $e^{1-x} \to \infty$)

Graph

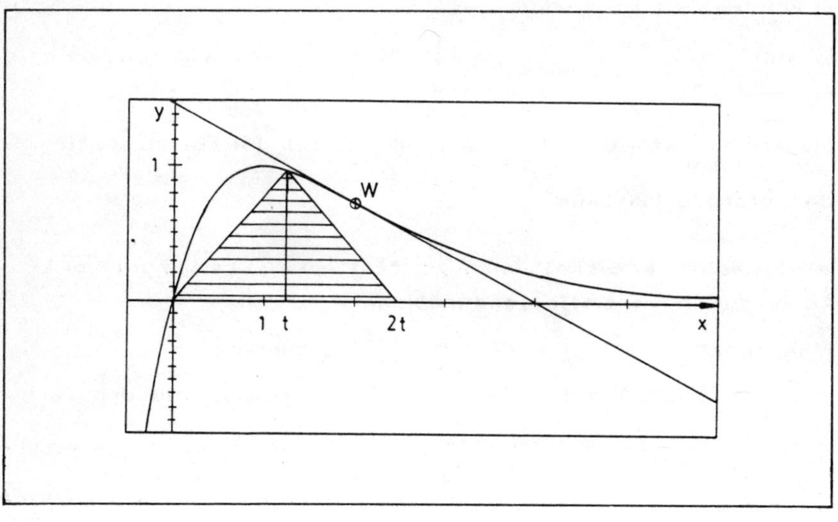

c) Die zur Aufstellung der Tangentengleichung benötigten Daten sind $W(2;\ 2/e)$ und $m = f'(2) = -1/e$

Hiermit erhalten wir ausgehend von der Punkt-Steigungs-Form der Geradengleichung:

$y - 2/e = -(1/e)\cdot(x-2) \iff y = -(1/e)\,x + 4/e$

$\iff y = -(1/e)\cdot(x-4)$

Zur Zeichnung der Tangenten beachten wir, daß das Wertepaar (4;0) die Tangentengleichung erfüllt, der Punkt S(4;0) also auf der Geraden liegt. Wir zeichnen die Tangente als Verbindungsgerade der Punkte W und S.

(Graph unter b))

d) (Graph unter b))

Für das Flächenmaß der zu betrachtenden Dreiecke erhält man zunächst $A(t) = (1/2)\cdot(2t)\cdot f(t) = t\cdot f(t)$.

Mit $f(t) = t\cdot e^{1-t}$ ergibt sich hieraus

$$A(t) = t^2\cdot e^{1-t} \quad (t > 0)$$

Die im folgenden benötigten Ableitungen sind

$$A'(t) = (2t-t^2)\cdot e^{1-t} = t\cdot(2-t)\cdot e^{1-t},$$

$$A''(t) = (2-4t+t^2)\cdot e^{1-t}$$

Der Term für $A'(t)$ zeigt: Im Intervall $]0,\infty[$ kann nur bei 2 ein lokales Extremum liegen.

Wegen $A''(2) = -2\cdot e^{-1} < 0$ hat $A(t)$ für $t=2$ ein lokales Maximum.

Wegen $\lim\limits_{t\to 0} A(t)=0$ und $\lim\limits_{t\to\infty} A(t)=0$ ist das lokale zugleich das globale Maximum.

e) Zunächst ermittelt man zu $f(x)$ einen Stammfunktionsterm durch partielle Integration:

Man setzt $u(x) = x$, $v'(x) = e^{1-x}$, woraus

$u'(x) = 1$, $v(x) = -e^{1-x}$ folgt, und erhält

$$\int u(x)\cdot v'(x)\,dx = u(x)\cdot v(x) - \int u'(x)\cdot v(x)\,dx$$

$$\int x\cdot e^{1-x}\,dx = -x\cdot e^{1-x} - \int 1\cdot(-e^{1-x})\,dx$$

$$= -x\cdot e^{1-x} + \int e^{1-x}\,dx$$

$$= -x\cdot e^{1-x} - e^{1-x} + C$$

$$= -(1+x)\cdot e^{1-x} + C$$

Daraus folgt nach dem Hauptsatz

$$F(c) = \int_0^c f(x)\,dx = [-(1+x)\cdot e^{1-x}]_0^c = -(1+c)\cdot e^{1-c} + e$$

$$= e - \frac{1+c}{e^{c-1}}$$

Berechnung des Grenzwertes von F(c) für $c \to \infty$:

Der Regel von de l'Hospital entsprechend untersuchen wir statt des Terms

$\frac{1+c}{e^{c-1}}$ den Term $\frac{(1+c)'}{(e^{c-1})'} = \frac{1}{e^{c-1}}$

(" ' " bedeutet hier die Ableitung nach der Variablen c)

Wegen $1/e^{c-1} \to 0$ für $c \to \infty$ folgt nach der Regel von de l'Hospital auch $(1+c)/e^{c-1} \to 0$ für $c \to \infty$, also $F(c) \to e$.

Aufgabe VII.5

a) Der Graph ist wegen $f(-x) = f(x)$ für alle $x \in \mathbb{R}$ symmetrisch zur y-Achse. Wegen $e^{-2x^2} = 1/e^{2x^2}$ hat f keine Nullstellen. Aus

$f'(x) = -4x\cdot e^{-2x^2}$,

$f''(x) = -4\cdot e^{-2x^2}\cdot(1 - 4x^2)$,

$f'''(x) = -4\cdot(-4xe^{-2x^2}(1 - 4x^2) + e^{-2x^2}(-8x))$ folgt:

0 ist die einzige Nullstelle von f'; also kommt nur 0 als Extremstelle in Betracht; wegen $f''(0) = -4$ hat f an dieser Stelle ein lokales Maximum.

Als Wendestellen kommen nur 1/2 und −1/2 in Betracht, da diese beiden Stellen die einzigen Nullstellen von f'' sind. Wegen $f'''(1/2) > 0$ ist 1/2 Rechts-links-Wendestelle und wegen der y-Achsen-Symmetrie des Graphen ist −1/2 Links-rechts-Wendestelle (Natürlich können Sie dies auch aus $f'''(-1/2) < 0$ schließen).

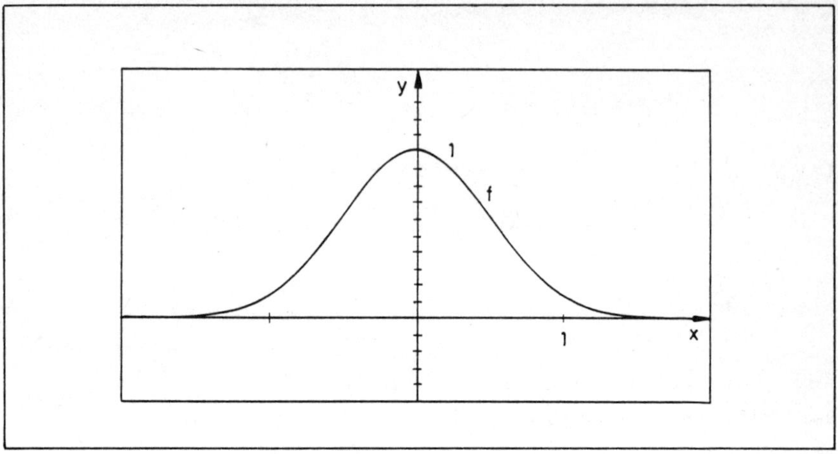

b) f ist Stammfunktion zu f'. Somit gilt

$$\int_0^1 f'(x)dx = \left[e^{-2x^2}\right]_0^1 = e^{-2} - 1$$

Zur Erläuterung des Hauptsatzes siehe Anhang 2!

c) Der "rechte" Basisendpunkt sei P(u;v) mit $u \geq 0$.

Dann gilt $A(u,v) = (1/2) \cdot 2uv = uv$.

Nebenbedingung: $v = e^{-2u^2}$

Man erhält die Funktion a der einen Variablen u.

$a(u) = u \cdot e^{-2u^2}$ $(0 \leq u)$

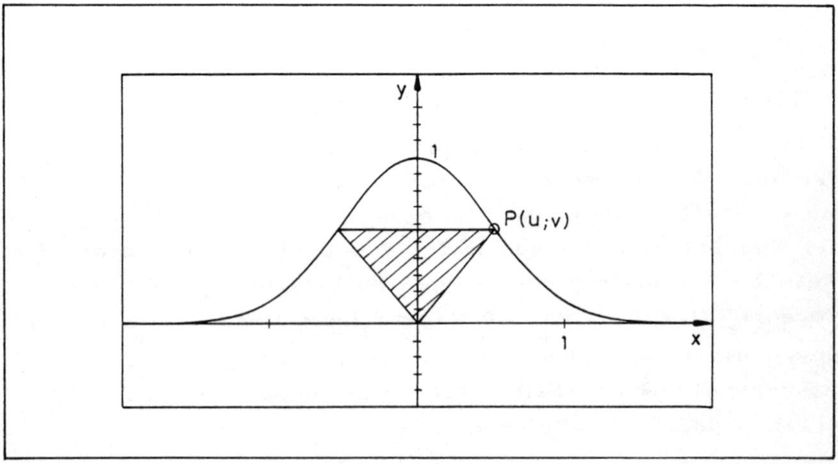

$a'(u) = 1\cdot e^{-2u^2} + u\cdot(-4u)\cdot e^{-2u^2} = e^{-2u^2}\cdot(1 - 4u^2)$

$a''(u) = -4u\cdot e^{-2u^2}\cdot(1 - 4u^2) + e^{-2u^2}\cdot(-8u)$

Die Bedingung $a'(u) = 0$ liefert als einzig mögliche Extremstelle im Intervall $[0;\infty[$ die Stelle $1/2$.

Wegen $a''(1/2) = 0 + e^{-1/2}\cdot(-4) < 0$ hat a an dieser Stelle ein lokales Maximum. Wegen $a(0) = 0$ und $\lim\limits_{u\to\infty} a(u) = 0$ ist das lokale Maximum zugleich das absolute.

d) Wendestellen von g sind Extremstellen von g'.
Es gilt $g'(x) = (-2\alpha\beta)\cdot x\cdot e^{-\beta x^2}$.
Lösung des Flächenproblems sind die Extremstellen der Funktion a.
Es gilt $a(u) = u\cdot\alpha\cdot e^{-\beta u^2} = \alpha\cdot u\cdot e^{-\beta u^2}$
a(u) unterscheidet sich von g'(x) nur in der Variablen (u statt x) und im konstanten Faktor (α statt $-2\alpha\beta$). Somit sind die Extremstellen von a gleich den Extremstellen von g' und damit gleich den Wendestellen von g.
Den Nachweis, daß es sich bei den genannten Stellen wirklich um Extremstellen von a bzw. g' handelt (Untersuchung von a' und a'') und die Untersuchung der Randwerte können wir hier übergehen (vgl. Teil c)).

Aufgabe VII.6

a) $F = 2\cdot\int\limits_0^{\pi/2} \cos x\, dx = 2\cdot\Big[\sin x\Big]_0^{\pi/2} = 2\cdot 1 = 2$

b) $A(u,v) = (1/2)\cdot 2u\cdot v = u\cdot v$
Nebenbedingung $v = \cos u$
$a(u) = u\cdot\cos u,\quad D_a = \{u \mid 0 \leq u \leq \pi/2\}$
$a'(u) = 1\cdot\cos u + u\cdot(-\sin u)$
$\cos u - u\cdot\sin u = 0$
$\cot u - u = 0$
Lösung der Gleichung $f(x) = 0$ mit $f(x) = \cot x - x$.
Startwert $x_0 = \pi/4$.
Verbesserung des Näherungswertes mit dem Newtonschen

Verfahren:

$f(x) = \cot x - x.$

$f'(x) = -1/\sin^2 x - 1 = -(1 + 1/\sin^2 x)$

$x_1 \approx x_0 - f(x_0)/f'(x_0)$

$f(x_0) = f(\pi/4) = \cot(\pi/4) - \pi/4 = 1 - \pi/4$

$f'(x_0) = f'(\pi/4) = -(1 + 1/\sin^2(\pi/4)) = -(1 + 1/0,5) = -3$

$x_1 \approx \pi/4 - (1 - \pi/4)/(-3) = \pi/4 + 1/3 - \pi/12$

$= 3\pi/12 + 1/3 - \pi/12 = \pi/6 + 1/3 \approx 0,857$

Ergebnis: Wählt man als Basisendpunkte die Punkte mit den x-Werten 0,857 bzw. -0,857, so erhält man (näherungsweise) das Dreieck mit dem absolut größten Flächenmaß; denn die Randwerte a(0) und a(π/2) sind beide gleich Null, während a(0,857) > 0 gilt.

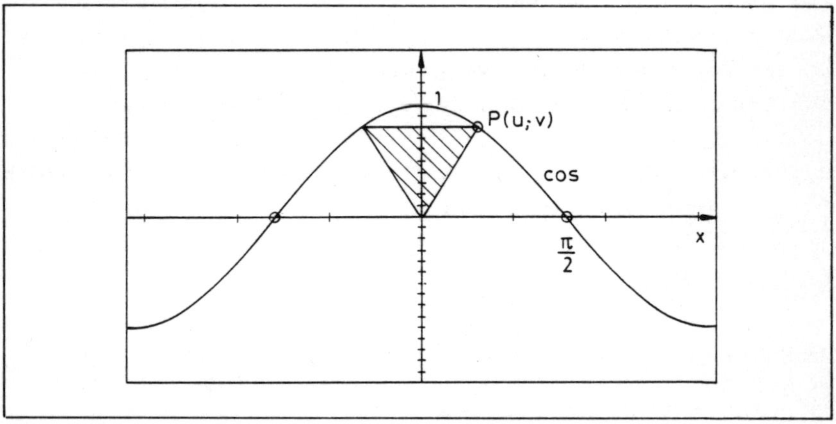

c) Die Steigung der Tangente in $P_n(x_n;f(x_n))$ an den Graphen von f beträgt $f'(x_n)$.

Die Gleichung der Tangente lautet somit:

$y - f(x_n) = f'(x_n)(x - x_n)$

Berechnung der Stelle (x_{n+1}), an der die *Tangente* die x-Achse schneidet:

$0 - f(x_n) = f'(x_n)(x_{n+1} - x_n)$

$\Longleftrightarrow \quad -f(x_n)/f'(x_n) = x_{n+1} - x_n \quad (f'(x_n) \neq 0)$

$\Longleftrightarrow \quad x_{n+1} = x_n - f(x_n)/f'(x_n)$

x_{n+1} ist (bei genügend "harmlosen" Funktionen) ein Näherungswert für die Stelle, an der *der Graph von f* die x-Achse schneidet.

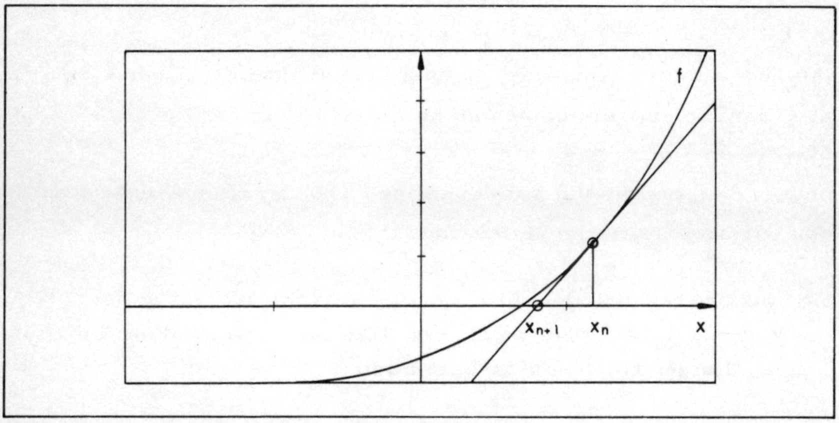

d) In diesem Fall ist das Definitionsintervall für die Funktion a:

$D_a = \{u \mid 0 \leq u \leq \pi\}$.

Es gilt $a(u) = u \cdot |\cos u|$

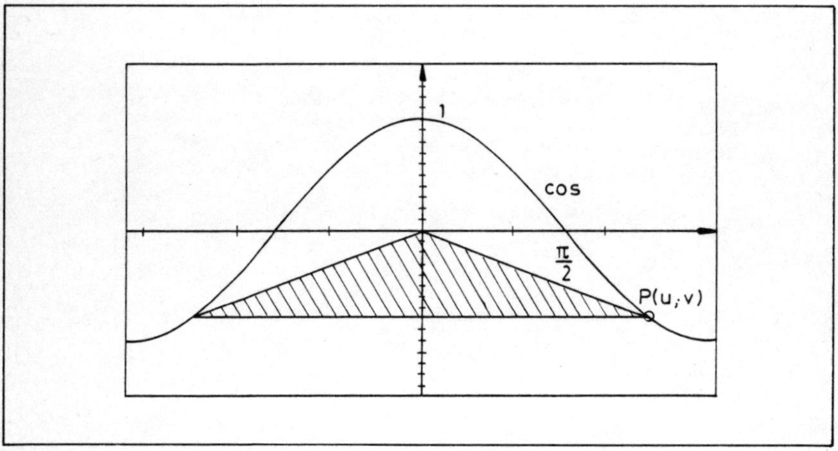

Lokale Maximum-Stellen müssen wie oben die Gleichung $\cot u - u = 0$ erfüllen (Begründung?).
Aber auch im erweiterten Definitionsintervall gibt es nur die oben berechnete Lösung (Begründung z.B. über Deutung der Gleichung $\cot u = u$ als Gleichung zur Schnittstellenberechnung für die Graphen zu $g_1(u) = \cot u$ und $g_2(u) = u$).
Vergleich mit den Randwerten:
$a(0) = 0$, $a(\pi) = \pi$, $a(x_1) \approx 0{,}561$
(Die Berechung von $a(x_1)$ können Sie vermeiden, wenn Sie aus den obigen Ergebnissen schließen:
$a(x_1) < F = 2 < \pi = a(\pi)$)
Unter den neuen Voraussetzungen ist der Randwert $a(\pi)$ der Maximalwert der Funktion a.

Die Antworten zu den Fragen des Anschlußgesprächs entnehmen Sie bitte (wie auch bei VII.4 und VII.5) dem Anhang 2 bzw. Ihrem Mathematik-Lehrbuch.

Anhang 2

A Definitionen und Sätze über Extrema

Definition 1: Das Maximum (Minimum) einer in einem Intervall I definierten Funktion ist der größte (kleinste) in I angenommene Funktionswert.
Maximum und Minimum bezeichnet man zusammenfassend als *Extremum* oder auch *Extremwert*.

Beachten Sie: Maximum und Minimum einer in einem Intervall I definierten Funktion müssen nicht existieren.

Beispiel: f mit $f(x) = x^3$, definiert in dem *offenen* Intervall]0;1[.

Das Beispiel empfinden Sie wahrscheinlich als "unfair". So werden ja Maximum und Minimum gewaltsam "des Intervalls verwiesen"! Sie haben recht! Offenheit (des Intervalls) verhindert hier Extrema. Wie Sie richtig vermuten, gilt der folgende

Satz 1: Jede in einem *abgeschlossenen* Intervall stetige Funktion nimmt dort ein Maximum und ein Minimum an.

Beispiel:

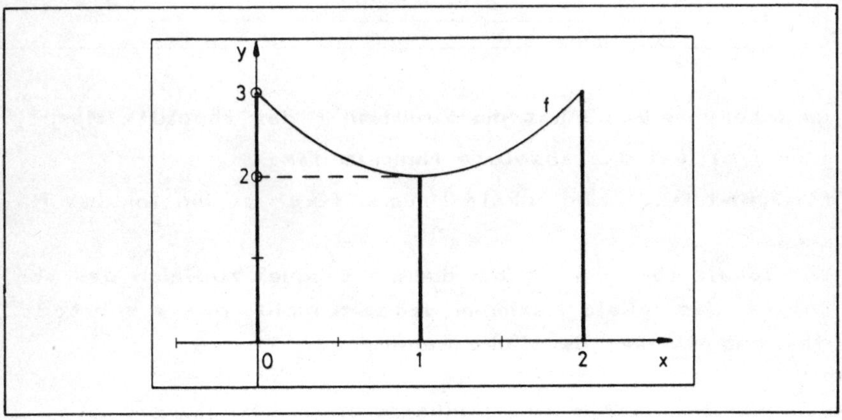

f mit $f(x) = (x - 1)^2 + 2$ über dem Intervall [0;2]

Das Minimum von f ist 2; es wird an der Stelle 1 angenommen. Das Maximum von f ist 3; es wird an den Stellen 0 und 2 angenommen.

Definition 2: Die Funktion f hat an der Stelle x_0 ihres Definitionsintervalls ein *lokales* Maximum (Minimum), wenn es eine "Umgebung von x_0" gibt, in der $f(x_0)$ der größte (kleinste) Wert ist.

Die "eigentlichen" Extrema (nach Definition 1) nennt man im Gegensatz zu den lokalen (auch relativ genannten) *global* oder *absolut*.

Der folgende Graph verdeutlicht die definierten Begriffe.

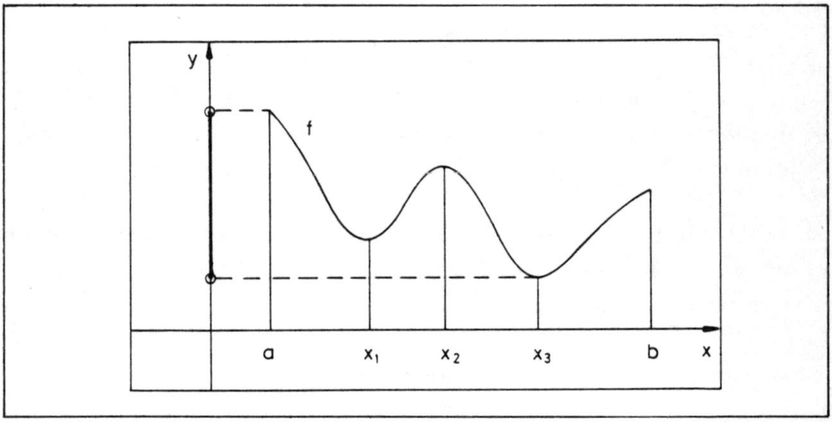

Im Intervall [a;b] hat die Funktion f das absolute Maximum f(a) und das absolute Minimum $f(x_3)$.
$f(x_1)$ und $f(x_3)$ sind lokale Minima, $f(x_2)$ ist ein lokales Maximum.
Das lokale Minimum ist bei diesem Beispiel zugleich das absolute, das lokale Maximum dagegen nicht; das absolute Maximum ist hier der linke Randwert.

Eine Stelle, an der eine Funktion einen Extremwert annimmt, heißt Extremstelle; oft unterscheidet man Minimum-Stelle, Maximum-Stelle, manchmal auch Stelle eines lokalen

Minimums, Stelle eines absoluten Maximums, ...
a, x_1, x_2 und x_3 sind somit Extremstellen von f; a und x_3 sind absolute, x_1, x_2 und x_3 lokale Extremstellen.

Satz 2: Im Intervall [a;b] kommen als (absolute) Extremstellen einer dort differenzierbaren Funktion f nur die Nullstellen von f' und die Randstellen a und b in Betracht.

Aus Satz 2 ergibt sich für die Bestimmung der Extrema einer Funktion f in einem Intervall [a;b], wenn f in diesem Intervall differenzierbar ist, folgendes
Verfahren:
(1) Man ermittelt die Nullstellen von f' in]a;b[.
(2) Man vergleicht die Werte von f an den Nullstellen von f' mit den Randwerten f(a) und f(b) und bestimmt den kleinsten und den größten dieser Werte.
Der kleinste dieser Werte ist das Minimum von f im Intervall [a;b], der größte das Maximum.

Meist wird im Mathematikunterricht vor dem Vergleich der Funktionswerte an den Nullstellen von f'(x) mit den Randwerten nachgewiesen, daß eine solche Nullstelle auch *tatsächlich lokale* Extremstelle ist (um die Kenntnisse aus dem Bereich "Funktionsuntersuchung" aufzufrischen. Zur Lösung des entsprechenden Extremwertproblems ist dies (s.o.) nicht erforderlich!)
Hierbei beruft man sich in der Regel auf den folgenden

Satz 3: Die Funktion f sei an der Stelle x_0 (wenigstens) zweimal differenzierbar. Gilt dann $f'(x_0) = 0 \wedge f''(x_0) > 0$ ($f'(x_0) = 0 \wedge f''(x_0) < 0$), so hat f an der Stelle x_0 ein lokales Minimum (lokales Maximum).

Die Berechnung des Wertes $f''(x_0)$ ist insbesondere bei gebrochen rationalen Funktionen recht umständlich. Sie kann durch Anwendung des folgenden Satzes vereinfacht werden:

Satz 4: Sei $f'(x) = Z(x)/N(x)$ ein gebrochen rationaler Term; x_0 sei eine Nullstelle von f'(x), d.h. es gelte $Z(x_0)=0$ (und $N(x_0) \neq 0$). Dann haben $f''(x_0)$ und $Z'(x_0)$ das gleiche Vorzeichen.

Statt der vollständigen zweiten Ableitung braucht man also nur die Ableitung des Zählerterms von f'(x) zu untersuchen!

B Hinweise zur Lösung von Extremwertaufgaben

1. Lesen Sie den Aufgabentext sorgfältig und stellen Sie fest, welche Größe ein Extremum annehmen soll (z.B. der Umfang eines Rechtecks, das Volumen eines Zylinders).

2. Stellen Sie die Größe, die ein Extremum annehmen soll, als Funktion geeigneter Variabler dar (z.B. den Umfang eines Rechtecks als Funktion der Seitenmaße:

   $U(x,y) = 2\cdot(x + y)$,

   das Volumen eines Zylinders als Funktion von Radius und Höhe: $V(r,h) = \pi\cdot r^2\cdot h$).

3. Hat sich die zu untersuchende Größe bei der unmittelbaren "übersetzung" des Textes in die "mathematische Sprache" als Funktion mehrerer (meist zweier) Variabler ergeben, so stellen Sie durch Verwerten von *Nebenbedingungen* (meist einer Nebenbedingung) eine *Funktion in einer Variablen* her.

4. Legen Sie das der Problemstellung entsprechende Definitionsintervall I der Funktion f fest (in der Regel ist I ein echtes Teilintervall des maximal möglichen Definitionsintervalls des Terms f(x)).

5. Bestimmen Sie die in I liegenden Nullstellen von f'.

6. Vergleichen Sie die Werte von f in den Nullstellen von f' mit den Funktionswerten in den Randstellen von I (kurz: mit den Randwerten). Der kleinste dieser Werte ist das Minimum von f im Intervall [a;b], der größte das Maximum.

Anmerkung: Meist wird im Mathematikunterricht vor dem Vergleich mit den Randwerten unter Anwendung von Satz 3 überprüft, ob die gefundene Nullstelle von f' *lokale* Extremstelle von f ist. Wir sind daher in der Regel bei unseren Lösungen ebenso verfahren.

Durch Anwendung der folgenden Sätze kann die Bestimmung von Extremwerten u.U. vereinfacht werden.

Satz 5: Gilt $f(x) \geq 0$ für alle $x \in I$, so haben die Funktionen f und g mit $g(x) = (f(x))^n$ $(n \in \mathbb{N})$ an den gleichen Stellen gleichartige Extrema.

Die Anwendung von Satz 5 ist z.B. vorteilhaft, wenn f(x) ein Wurzelterm ist. g(x) ist dann oft ein wurzelfreier Term und leichter abzuleiten.

Satz 6: Die Funktionen f und g mit $g(x) = \alpha \cdot f(x) + \beta$ $(\alpha \in \mathbb{R}^+, \beta \in \mathbb{R})$ haben an den gleichen Stellen gleichartige Extrema.

C Wichtige Definitionen und Sätze aus der Analysis

Im Text häufiger verwendete Definitionen und Sätze haben wir hier in aller Kürze zusammengestellt. Wenn Sie mehr wissen wollen, sehen Sie bitte in Ihrem Lehrbuch nach oder nerven Sie Ihren Mathematiklehrer; vielleicht freut er sich sogar über Ihr Interesse und hebt Ihre Note für die "Sonstige Mitarbeit" um einige Punkte an. Viel Glück !

Ableitungtabelle:

f(x)	f'(x)
x^k	$k \cdot x^{k-1}$ $(k \in \mathbb{Z})$
$1/x$	$-1/x^2$
$\sqrt{x}$	$\frac{1}{2 \cdot \sqrt{x}}$
e^x	e^x
$\sin x$	$\cos x$
$\cos x$	$-\sin x$
$\tan x$	$\frac{1}{\cos^2 x}$
$\cot x$	$-\frac{1}{\sin^2 x}$

Gaußsche Glockenkurve ⟶ Graph der Gaußschen φ-Funktion

Gaußsche φ-Funktion: Funktion φ mit

$\varphi(x) = (1/\sqrt{2\pi})\cdot e^{-(1/2)\cdot x^2}$, $x \in \mathbb{R}$

Gaußsche Φ-Funktion: (auch Gaußsche Summenfunktion)

Funktion Φ mit $\Phi(x) = \int_{-\infty}^{x} \varphi(t)dt$

Hauptsatz der Differential- und Integralrechnung:
Ist F eine in [a;b] definierte Stammfunktion der in [a;b] stetigen Funktion f, so gilt

$$\int_a^b f(x)dx = \Big[F(x)\Big]_a^b = F(b) - F(a)$$

Dieser Satz führt zu folgendem Verfahren zur Berechnung bestimmter Integrale $\int_a^b f(x)dx$:

1. Man versuche, eine Stammfunktion F zu f zu ermitteln.
2. Ist dies gelungen, so bilde man den Differenzterm F(b) - F(a); dieser ist der gesuchte Integralwert.

Kettenregel: Die Funktion f sei an der Stelle z_0, die Funktion φ an der Stelle x_0 differenzierbar und es gelte $z_0 = \varphi(x_0)$. Dann ist auch die Funktion g mit $g(x) = f(\varphi(x))$ an der Stelle x_0 differenzierbar und es gilt

$$g'(x_0) = f'(\varphi(x_0))\cdot\varphi'(x_0)$$

Ungenau, aber kurz und leicht zu merken:
"Gesamtableitung = äußere Ableitung · innere Ableitung"

Newtonverfahren: Verfahren zur näherungsweisen Bestimmung von Nullstellen.
f sei eine differenzierbare Funktion; es sei $x_0 \in D_f$.
Durch $x_{n+1} = x_n - f(x_n)/f'(x_n)$, n = 0, 1, 2 , . . .
($f'(x_n) \neq 0$ und $x_n \in D_f$ für alle $n \in \mathbb{N}_0$)
wird eine Folge von Zahlen definiert, die bei genügend "harmlosen" Funktionen immer bessere Näherungswerte für

eine Nullstelle von f (zum "Startwert" x_o) darstellen. Eine exakte Fassung (mit Untersuchung der Konvergenzprobleme) entnehmen Sie bitte Ihrem Mathematik-Lehrbuch.

Normalverteilung: Ist bei einer Zufallsvariablen X die Wahrscheinlichkeit $P(X \leq x)$ für alle $x \in \mathbb{R}$ durch $\Phi((x-\mu)/\sigma)$ (mit gewissen Zahlen μ, σ) gegeben, so heißt X normalverteilt, genauer $N(\mu;\sigma)$-verteilt.

Partielle Integration: Sind die Funktionen u und v im Intervall [a;b] differenzierbar, so gilt

$$\int_a^b u(x)\cdot v'(x)\ dx = \Big[u(x)\cdot v(x)\Big]_a^b - \int_a^b u'(x)\cdot v(x)\ dx$$

Produktregel: Sind die Funktionen u und v an der Stelle x_o differenzierbar, so ist auch die Funktion f mit $f(x) = u(x)\cdot v(x)$ in x_o differenzierbar und es gilt:

$f'(x_o) = u'(x_o)\cdot v(x_o) + u(x_o)\cdot v'(x_o)$.

Ungenau, aber kurz und leicht zu merken:

$(u\cdot v)' = u'\cdot v + u\cdot v'$

Regel von de l'Hospital: (Beschränkung auf die in diesem Buch auftretende Fassung)

Sind die Funktionen u und v für alle x mit $x > a$ ($a \in \mathbb{R}^+$) differenzierbar und gilt $\lim\limits_{x \to \infty} u(x) = \lim\limits_{x \to \infty} v(x) = \infty$ und existiert der Grenzwert $\lim\limits_{x \to \infty} (u'(x)/v'(x))$, so gilt

$\lim\limits_{x \to \infty} (u(x)/v(x)) = \lim\limits_{x \to \infty} (u'(x)/v'(x))$.

Quotientenregel: Sind die Funktionen u und v (mit $v(x) \neq 0$) an der Stelle x_o differenzierbar, so ist auch die Funktion f mit $f(x) = \dfrac{u(x)}{v(x)}$ an der Stelle x_o differenzierbar und es gilt: $f'(x_o) = \dfrac{u'(x_o)\cdot v(x_o) - u(x_o)\cdot v'(x_o)}{[v(x_o)]^2}$

Kurz und leicht zu merken:

$(u/v)' = \dfrac{u'\cdot v - u\cdot v'}{v^2}$

Stammfunktion: Eine Funktion F mit F' = f heißt Stammfunktion zu f.

Stammfunktionentabelle: ⟶ Ableitungstabelle; die links stehenden Terme f sind Stammfunktionsterme zu den rechts stehenden Termen f'.

Symmetrie: Der Graph einer Funktion f heißt
zur y-Achse symmetrisch, wenn für alle $x \in D_f$ gilt:
$f(-x) = f(x)$,
zum Nullpunkt symmetrisch, wenn für alle $x \in D_f$ gilt:
$f(-x) = -f(x)$.

Vollständige Induktion: Spezielles Beweisverfahren. Typisches Beispiel einer mittels vollständiger Induktion zu beweisenden Aussage [A(n)]:

Für alle $n \in \mathbb{N}$ gilt: $1 + 3 + 5 + ... + (2n-1) = n^2$
Der Beweis erfolgt in zwei Schritten, man zeigt:
(1) A(1) ist richtig.
(2) Für alle $n \in \mathbb{N}$ gilt: $A(n) \Longrightarrow A(n+1)$
Aus (1) und (2) folgt die Gültigkeit der Aussage A(n) für alle $n \in \mathbb{N}$.

Volumen eines Rotationskörpers: ⟶ Rotationskörper in Anhang 2, D

Wendestelle: Die Stelle x_W heißt Wendestelle von f, wenn x_W lokale Extremstelle von f' ist.
Der Punkt $W(x_W; f(x_W))$ heißt Wendepunkt des Graphen von f.

Wendetangente: Tangente an den Graphen einer Funktion in einem Wendepunkt.

D Wichtige Formeln

In der Ebene

Cosinus ⟶ Winkelfunktionen

Cotangens ⟶ Winkelfunktionen

Dreieck, Fläche

$A = (1/2) \cdot a \cdot h_a = (1/2) \cdot b \cdot h_b = (1/2) \cdot c \cdot h_c$

Entfernung zweier Punkte $P_1(x_1;y_1)$ und $P_2(x_2;y_2)$ im Koordinatensystem

$E(x,y) = \sqrt{(x_2 - x_1)^2 + (y_2 - y_1)^2}$

Geradengleichung

Sind die Steigung m und die Koordinaten x_1 und y_1 eines Punktes $P_1 \in g$ gegeben, so erhält man die Gleichung ($y = m \cdot x + b$) der Geraden g aus der Gleichung $y - y_1 = m \cdot (x - x_1)$.

Kreis, Fläche und Umfang

$A = \pi r^2 \qquad U = 2\pi r$

Maßzahl A der Fläche, die berandet wird vom Graphen der stetigen Funktion f, der x-Achse und Senkrechten zur x-Achse an den Stellen a und b:

$$A = \int_a^b f(x)dx$$

Rechteck, Fläche, Umfang

$A = x \cdot y \qquad U = 2 \cdot (x + y)$

Satz des Pythagoras (vgl. Fig. auf S.48)

Dreieck ABC rechtwinklig bei C $\iff a^2 + b^2 = c^2$

Sinus ⟶ Winkelfunktionen

Strahlensätze (vgl. Fig. auf S.52)
Wird ein Zweistrahl von zwei Parallelen geschnitten, so ist
1. das Längenverhältnis zweier Abschnitte auf dem einen Strahl gleich dem Längenverhältnis der entsprechenden Abschnitte auf dem anderen Strahl
(z.B. $s_1 : s_2 = s_3 : s_4$),
2. das Längenverhältnis der Parallelabschnitte gleich dem Längenverhältnis entsprechender Scheitelabschnitte
(z.B. $p_1 : p_2 = s_1 : s_2$).

Tangens ⟶ Winkelfunktionen

Trapez, Fläche
Durch geeignete Zerlegung kann man die Flächenmaßzahl für das Trapez mit Hilfe der Formeln für Rechteck und Dreieck bestimmen.

Winkelfunktionen
$\sin\alpha = a/c$, $\cos\alpha = b/c$, $\tan\alpha = a/b$, $\cot\alpha = b/a$
(für rechtwinklige Dreiecke ($\gamma = 90^\circ$) bei üblicher Bezeichnung der Seitenmaßzahlen a, b, c)

Es gelten die Gleichungen

$$\tan\alpha = \frac{\sin\alpha}{\cos\alpha}, \quad \cot\alpha = \frac{\cos\alpha}{\sin\alpha}$$

$$\sin^2\alpha + \cos^2\alpha = 1$$

Im Raum

Kegel, Volumen, Oberfläche, Mantelfläche, Mantellinie

$V = (1/3)\cdot\pi r^2 h$ $\qquad A = \pi rs + \pi r^2$

$M = \pi rs$ $\qquad s = \sqrt{r^2 + h^2}$

Kugel, Volumen, Oberfläche

$V = (4/3)\cdot\pi r^3$ $\qquad A = 4\pi r^2$

Pyramide, Volumen

$V = (1/3) \cdot G \cdot h$ (G ist die Flächenmaßzahl der Grundfläche)

Quader, Volumen, Oberfläche und Kantensumme

$V = abc \qquad A = 2 \cdot (ab + ac + bc) \qquad S = 4 \cdot (a + b + c)$

Rotationskörper, Körper, der z.B. bei Rotation des Graphen der stetigen Funktion f über dem Intervall [a;b] um die x-Achse entsteht; die Maßzahl seines Volumens ist gegeben durch

$$V = \pi \cdot \int_a^b [f(x)]^2 dx$$

Zylinder, Volumen, Oberfläche und Mantelfläche

$V = \pi r^2 h \qquad A = 2\pi rh + 2\pi r^2 \qquad M = 2\pi rh$